織花習作

鉤法簡單又可愛的花樣織片&緣飾 60

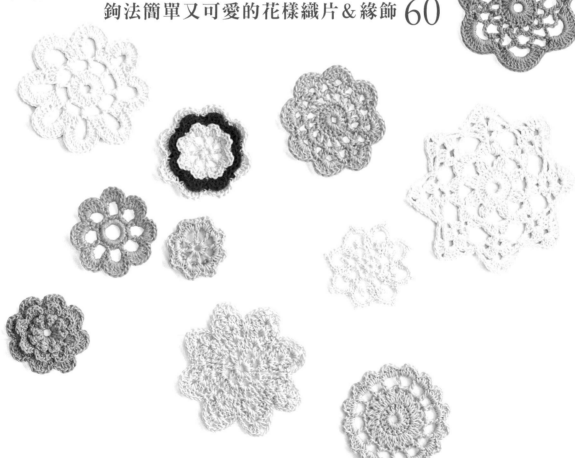

CONTENTS

※黑色頁碼為作品欣賞頁面，紅色頁碼則為作法頁面。

蕾絲線

5號

20號

毛線

10號

線材

淺駝色、紅色、混色線，以上皆是被稱為「蕾絲線」的細線。線材的粗細是以5號、10號、20號、30號等編號來表示，且數字愈大線愈細。本書的花樣織片使用「Anchor Aida」的5號線，以及0號的蕾絲針鉤織。灰色的毛線則是鉤織蓋毯（p.29）的素材。即便是相同的花樣織片，只要改換線材或顏色來鉤織，賦予的印象就會截然不同。此外，還有諸如以較粗的棉線鉤織的鍋墊（p.31），或是以細繩鉤織的胸針（p.19）等，使用各式各樣線材製作的織物。（上圖線材為原寸大小）

本書使用線材＆工具

蕾絲針

鉤織蕾絲線的鉤針，本書使用0號、2號、6號這三種針號。數字愈大代表針頭愈細，請搭配線材粗細分別使用。

鉤針

使用於棉線、毛線等的鉤針，本書使用2/0號、3/0號、5/0號、6/0號這四種針號。與蕾絲針相反，鉤針數字愈大代表針頭愈粗；製作本書手提袋與披肩等花樣織片的應用作品時使用。

毛線針

針頭圓潤，用於織片收針時的鎖針接縫，或是線頭的收尾。針的粗細種類繁多，請依編織線材的粗細選用。

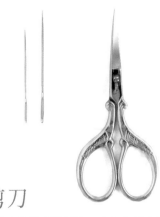

剪刀

修剪多餘線頭等用途。由於多是在織片邊緣進行修剪，因此只要準備如圖所示的小剪刀，使用上會更加便利。

花朵織片

匯集了綻放著花瓣的圖案織片。6片、8片、12片……隨著花瓣的增加愈顯華麗。

一片小小的花樣織片可作為小飾品，拼接後亦可當成項鍊。

大型的花樣織片，本身就可直接當成頗富趣味的裝飾墊。

01

曲線柔和的花瓣，是在結粒針上鉤織長針製作而成。

01 作法 ▶p.49

花團錦簇桌墊

將左頁的花樣織片拼接7片，作成纖細的桌墊。
自第2片花樣織片開始，在鉤織最終段時，
拼接已完成的花樣織片。

作法 ▶ p.49

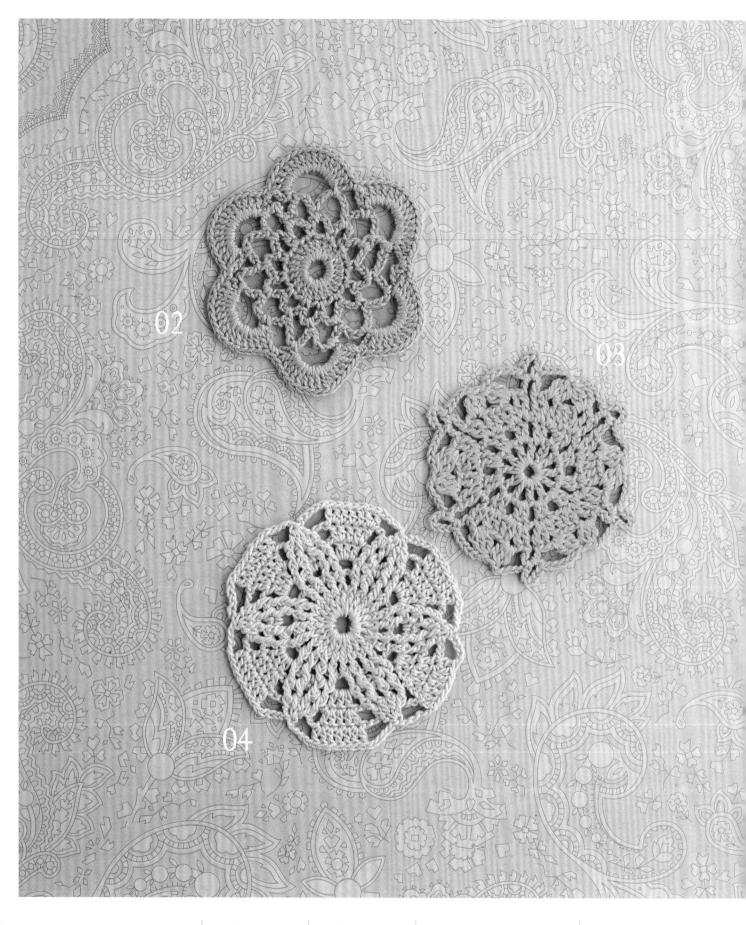

羊毛針插

在兩片花樣織片04之間，
填入揉成圓球狀的羊毛。
帶有油脂的羊毛使縫針不易生鏽，
這點效果也令人感到開心。
當成禮物贈送，應該會大受歡迎。

作法 ▶ p.51

微閃亮金蔥花朵項鍊

編織減少一圈花瓣的花樣織片05，
製作成優美雅致的項鍊。
從第2片花樣織片開始，在鉤織最終段時，
在完成的相鄰織片挑針2處，進行拼接。

作法 ▶p.52

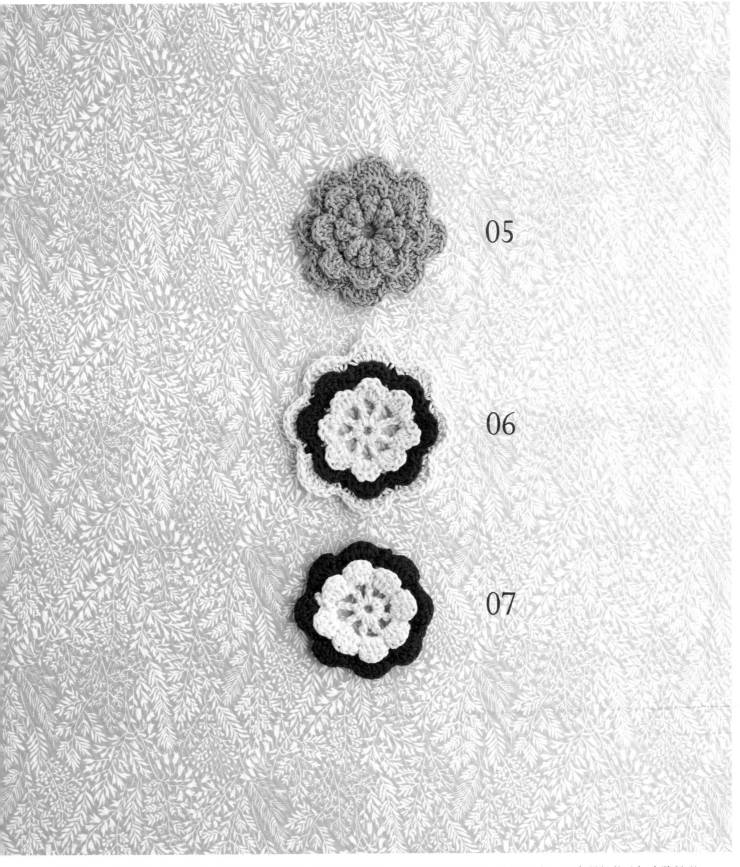

05

06

07

層層重疊的2、3層花瓣，這是稱為立體織片的款式。因為作法不難，請務必嘗試看看。織片05在p.46有詳細的分解步驟說明。

05 作法 ▶p.52・46   06 作法 ▶p.50   07 作法 ▶p.50

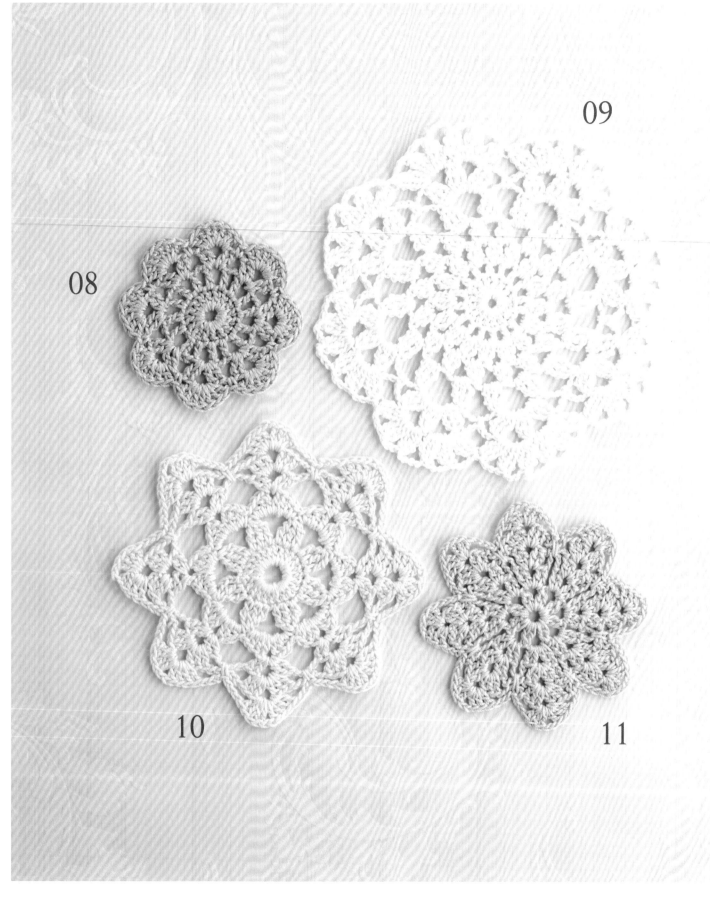

09

08

10

11

08 作法 ▶p.53   09 作法 ▶p.53   10 作法 ▶p.53   11 作法 ▶p.53

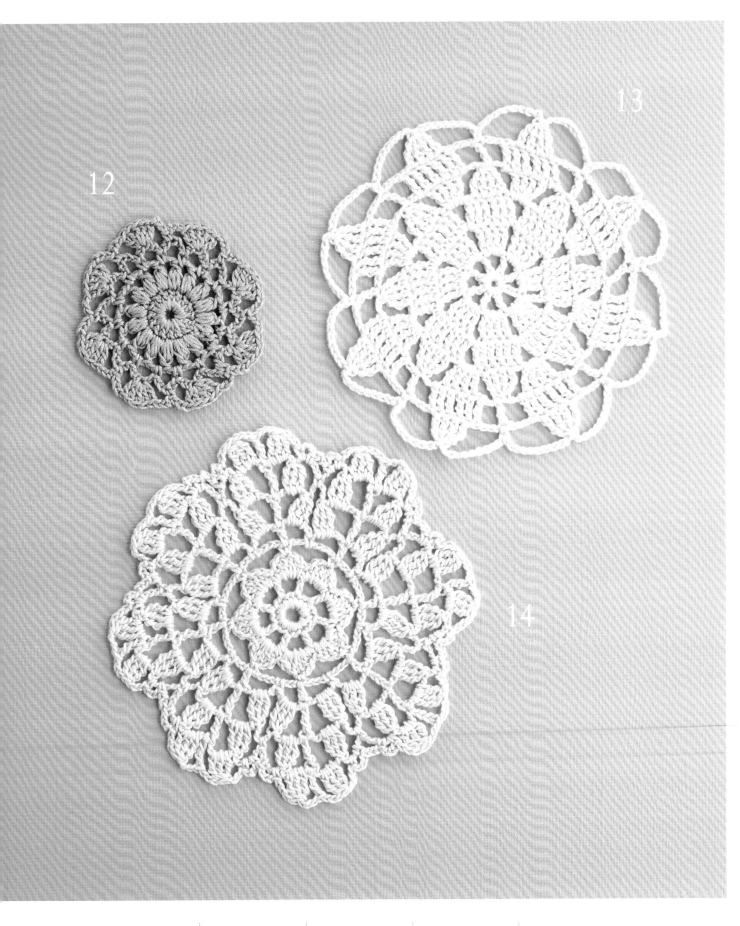

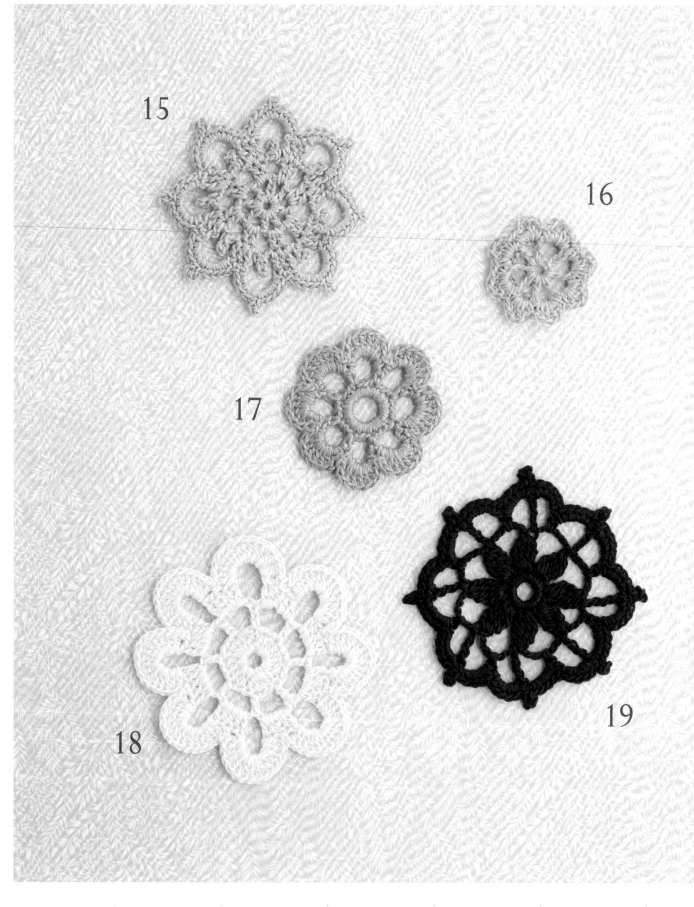

清新藍花織片手提袋

鉤織花樣織片12，
拼接成用色高雅的手提袋。
就連提把，也是以
相同的花樣織片製作而成。

作法 ▶p.54

20

20 作法 ▶p.56

來裝飾法式布盒信件箱吧！

在法式布盒信件箱，貼上花樣織片10・15・25。

當成裁縫箱或禮物盒都相當可愛。

改以小型織片密密黏貼，或是在盒蓋側面貼上緣飾花邊，盡情的自由創作吧！

黏貼花樣織片時，將手藝用黏著劑稍溶於水再刷塗。（此為參考作品）

23

24

25

圓形花朵織片

匯集了輪廓圓潤的花樣織片。
不止可以縫於洋裝或小物上作為重點裝飾，
若是以粗線鉤織並且增加段數，還能完成座墊之類的物品。

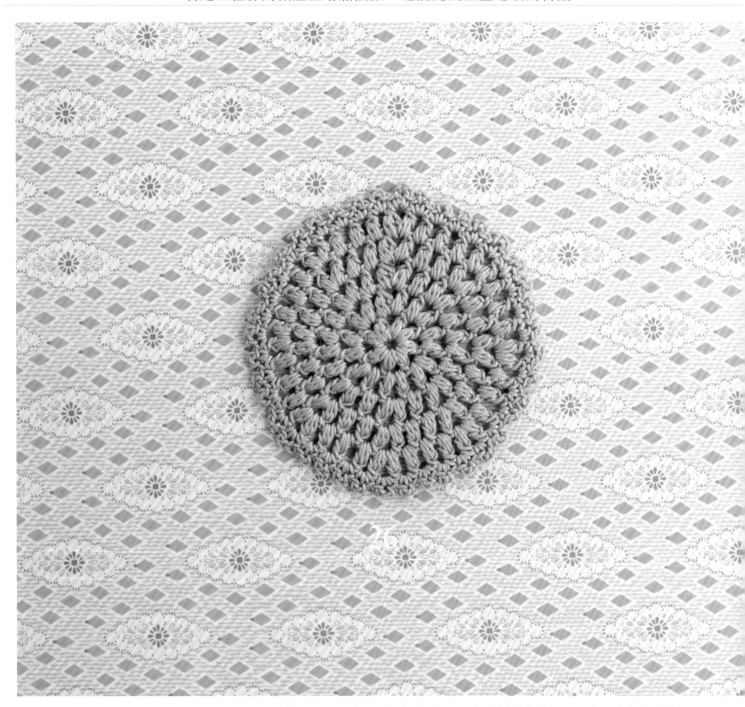

以蓬鬆飽滿的變形玉針鉤織而成的花樣織片。若將織片作為頭頂部分，繼續編織作成帽子，也是出色的花樣。

26 作法 ▶p.59

A

B

C

以細繩編織的胸針

只要改以細繩鉤織左頁的織片，就會展現出截然不同的印象。
織完第2段後，鉤織長針與短針，再整理胸針的形狀即可。
無論是以雙色鉤織，或是以單色鉤織皆美。

作法 ▶*p.59*

27

28

29

27 作法 ▶p.60　　28 作法 ▶p.58　　29 作法 ▶p.58

亞麻手織束口包

以花樣織片27作為袋底。
再繼續鉤織相同的花樣製作成袋身。
一個個圓滾滾的浮凸花樣，
正是長針的爆米花針。

作法 ▶p.60

30

31

32

30 作法 ▶p.61·44   31 作法 ▶p.62   32 作法 ▶p.62

雙層加厚款茶壺墊

編織兩片花樣織片30的中央部分，
重疊對齊之後，
兩片一起挑針鉤織接下來的織段。
宛如向日葵的設計，
讓廚房顯得更加明亮了！

作法 ▶p.61

多角形花朵織片

匯集了方便應用於毛毯或是披肩的四角形或六角形，
以及八角形的花樣織片。
即使最初是圓形，但是藉由在邊角處增加針目的方式，即可自然衍生出多角形的花樣。

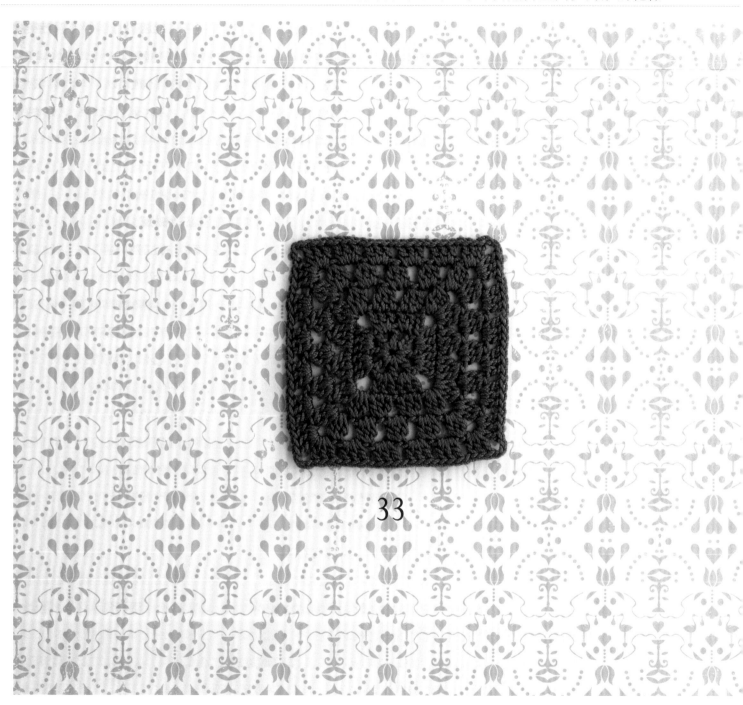

33

僅僅使用長針‧長針的玉針‧鎖針，就能完成簡單又不失可愛的花樣織片。

33 作法 ▶p.63

餐墊

鉤織12片左頁的花樣織片，
再以預留的線頭拼接。
織線的顏色，不妨選擇
適合搭配個人茶杯或餐具的色彩。

作法 ▶ *p.63*

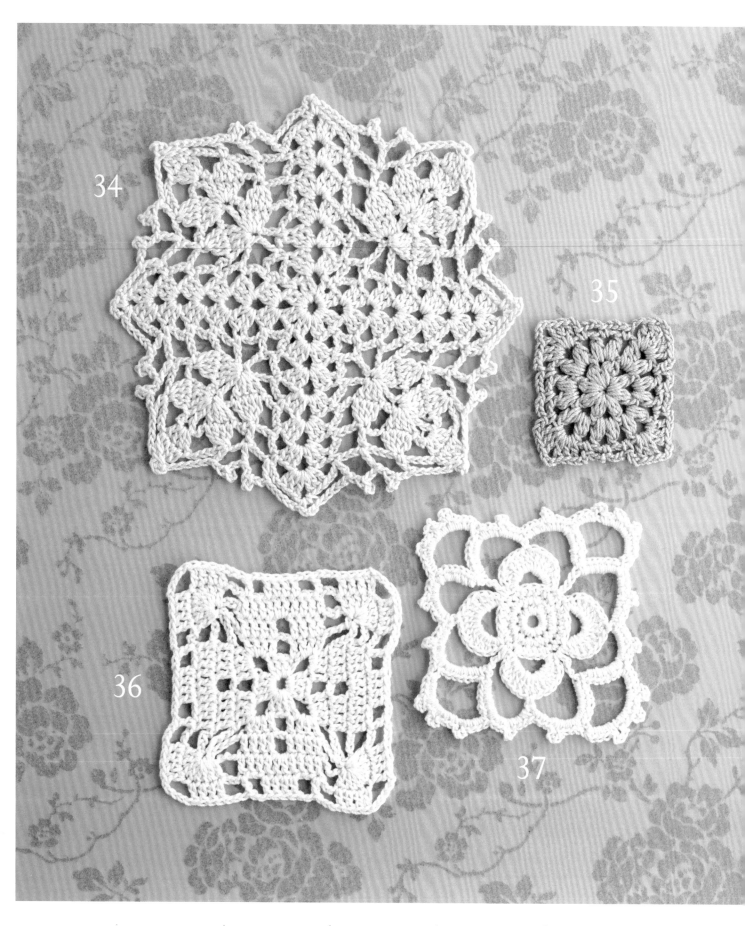

34 作法 ▶p.62　35 作法 ▶p.62　36 作法 ▶p.64　37 作法 ▶p.64　38 作法 ▶p.64

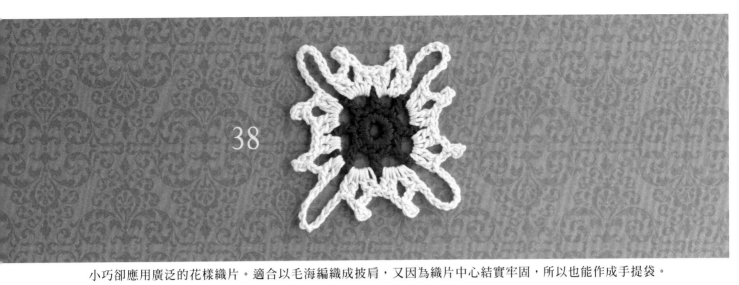

小巧卻應用廣泛的花樣織片。適合以毛海編織成披肩，又因為織片中心結實牢固，所以也能作成手提袋。

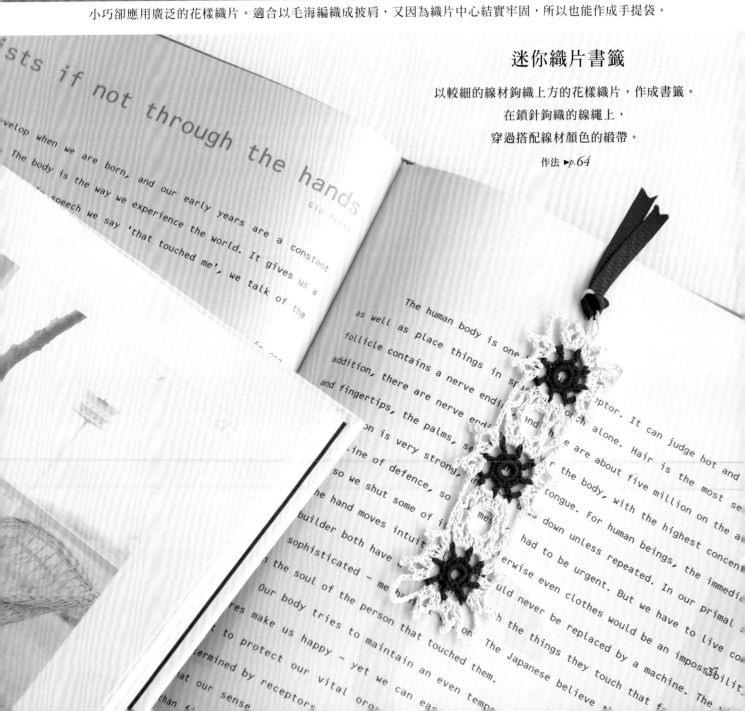

迷你織片書籤

以較細的線材鉤織上方的花樣織片，作成書籤。
在鎖針鉤織的線繩上，
穿過搭配線材顏色的緞帶。

作法 ►p.64

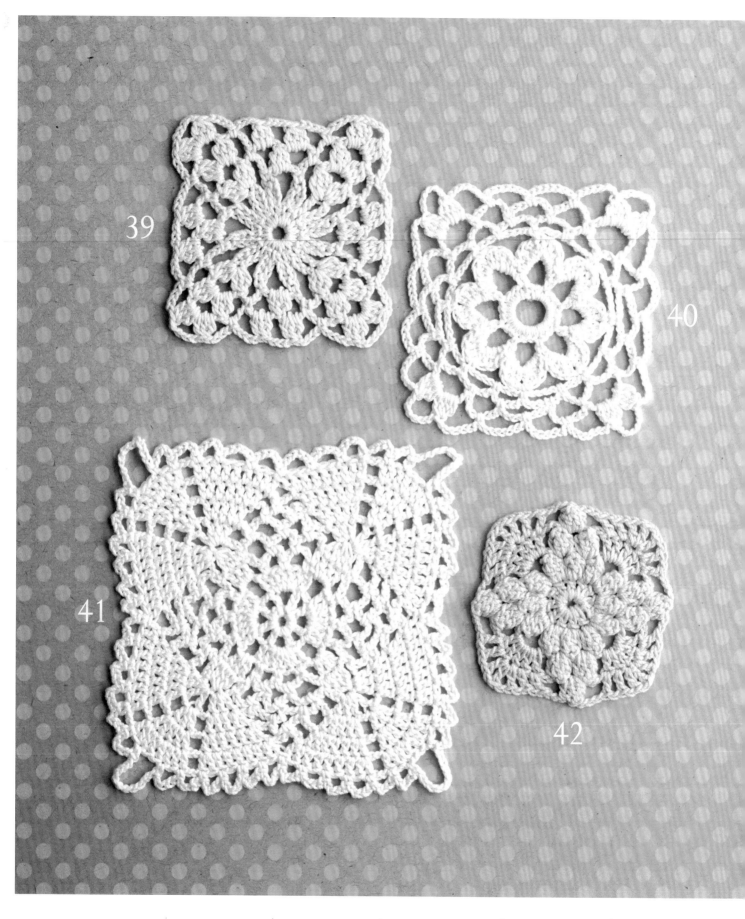

39

40

41

42

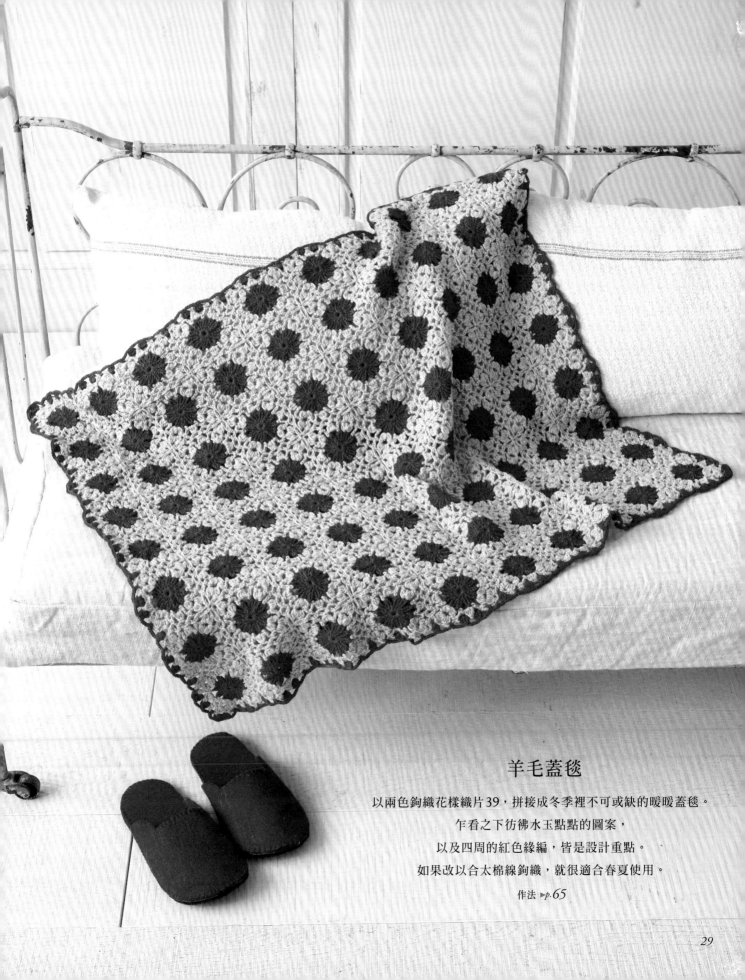

羊毛蓋毯

以兩色鉤織花樣織片39,拼接成冬季裡不可或缺的暖暖蓋毯。

乍看之下彷彿水玉點點的圖案,

以及四周的紅色緣編,皆是設計重點。

如果改以合太棉線鉤織,就很適合春夏使用。

作法 ▶ p.65

43 作法 ▶p.67   44 作法 ▶p.67   45 作法 ▶p.68・42・44   46 作法 ▶p.67

以並太線編織的鍋墊

以並太棉線鉤織兩片花樣織片45，重疊併縫而成的鍋墊。
紮實的厚度，應該會是相當便利的廚房用品。
併縫織片的白色蕾絲線，勾勒出鮮明清爽的氛圍。

作法 ▶ *p.68*

雪花圖案織片

匯集了宛如雪花結晶的各式花樣織片。
以毛線鉤織完成後,再使用羊毛氈戳針固定於圍巾或刷毛布上,
作成花樣織片的貼布縫,也別有一番趣味。

迷你披肩

以毛線鉤織花樣織片47的披肩。
圍在頸部時，朝著各個方向的雪花結晶，
營造出華麗的印象。
從第2片花樣織片開始，
在鉤織最終段時，
拼接已完成的相鄰織片。

作法 ▶p.69

方眼編圖案織片

僅以鎖針與長針即可完成的方眼編。只要在預定的方格裡填滿長針，就能勾勒出圖案。

倘若手邊有棒針的織入花樣，或是刺繡的十字繡圖案，

即可體驗替換成方眼編的鉤織樂趣。

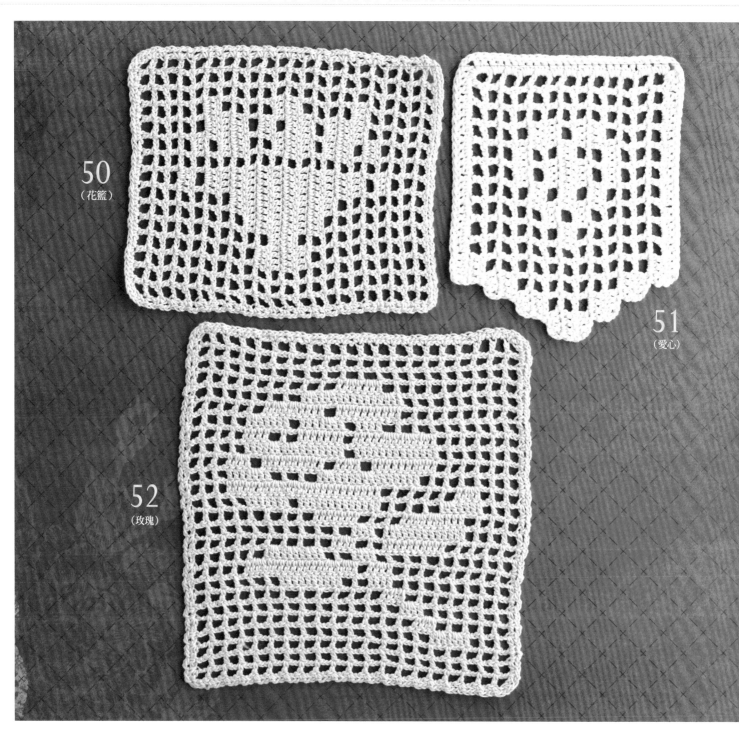

50
（花籃）

51
（愛心）

52
（玫瑰）

50 作法 ▶p.73   51 作法 ▶p.71·42·43   52 作法 ▶p.70

愛心圖案的迷你提袋

幾乎只是連續鉤織四片差不多等同花樣織片51的織片，
就完了提袋的形狀。
可用來盛放糖果，或是套在裝飾綠意的小瓶子上。
當成收納小物也很不錯喔！

作法 ▶p.71

飾以花朵織片的手提袋

運用方眼編與交叉針鉤織完成，
堅韌牢固的織片非常適合作為手提袋。
鉤織少一層花瓣的花樣織片05，接縫上去，
營造出羅曼蒂克的氛圍。

作法 ▶ p.72·45

小小花籃織片

若是想在廚房巾接縫掛繩，
那麼運用這個圖案的方式，您覺得如何呢？
依照方眼編的要領鉤織，
籃子的提把部分就成了掛繩。

53

緣飾花邊

緣飾54至56，是鉤織完成後再接縫的款式。緣飾57至60，則是直接進行鉤織的款式。
後者只要是薄布、粗紋布或蕾絲緞帶等，鉤針針頭能夠穿入的織品，皆可挑針鉤織。

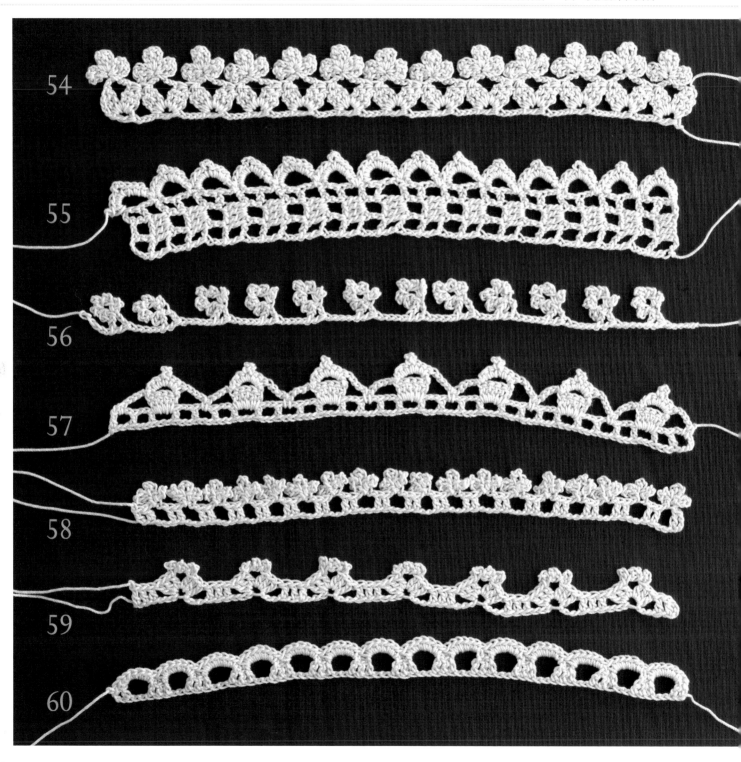

A

B

在手帕上鉤織緣飾

在薄棉布上鉤織緣飾花邊後，
就完成一條原創的手帕了。
不妨在市售的桌巾或是野餐墊等織品，
加上喜愛的緣飾吧！
（緣飾花邊59、58的應用、60）。

作法 ▶p.74·47

C

在罩衫袖口鉤織緣飾

在麻質罩衫的袖口上，接縫以棉線織成的緣飾花邊55，賦予優雅的風情。依照袖口的尺寸鉤織緣飾，
並將第1段貼合袖口內側，再縫合固定。兩端於袖口下方對齊之後，以捲針縫接合即可。可洗濯。（此為參考作品）

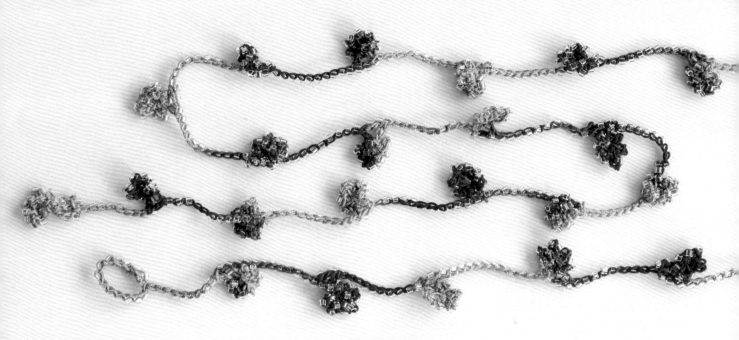

亮眼串珠鉤織項鍊

鉤織緣飾56時，在每1針都穿入串珠，長長的花編就成了優美華麗的項鍊。作法 ▶p.75·48

花樣織片手環

A

無論是以單色線或混色線鉤織，都是可愛的手環。有如一筆繪般，先鉤織手環的單側直到終點，再回頭鉤織另一側。

待技法純熟之後，不妨試著挑戰以細線鉤織（圖片上方作品）！

作法 ▶p.75·47

B

C

花樣織片的鉤織基礎

✳ 起針與第1段的織法

鎖針的輪狀起針　　*以p.06的花樣織片04示範解說。

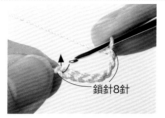
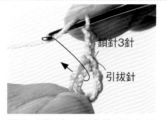
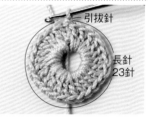

1 鉤織8針鎖針後，鉤針穿入第1針，鉤引拔針。

2 完成起針。鉤織第1段立起針的3針鎖針，接著以鉤針挑起整條鎖針，挑束鉤織長針。

3 完成本段，鉤織終點是挑立起針的第3針鎖針，鉤織引拔針。

手指繞線的輪狀起針　　*以p.30的花樣織片45示範解說。

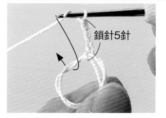

1 在手指上繞線2圈後取下，鉤針如圖示穿入線圈，以此方式鉤織第1段。先鉤5針鎖針，再鉤長針。

2 重複1針長針，2針鎖針的步驟。

3 完成本段，鉤織終點是將2針鎖針改成「中長針」。接著一次一條，分別拉緊中央線圈的線頭，收緊起針圓心。

鎖針起針（挑鎖針裡山的方法）　　*以p.34的花樣織片51示範解說。

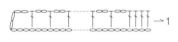
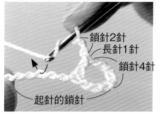

1 鉤織必要的鎖針數，第1段的長針是挑鎖針裡山穿入鉤針來鉤織。

2 完成長針的模樣。重複2針鎖針、1針長針的步驟。

3 起針的鎖針原樣保留。

✳ 第2段以後的織法

在前段的針目上挑束鉤織・織段終點的引拔針・在長針針頭挑針鉤織　　*以p.30的花樣織片45示範解說。

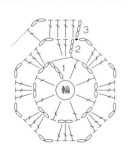

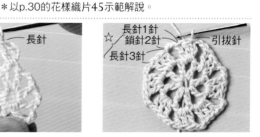

1 第2段。鉤立起針的3針鎖針，長針則是直接將第1段的中長針整個挑束鉤織。

2 完成長針的模樣。依照相同作法，再鉤1針長針。

3 從☆開始的長針，則是挑整條鎖針束鉤織，織段終點鉤引拔針接合。

4 第3段。鉤立起針的3針鎖針，鉤針穿入第2段鉤織引拔針的針目中，鉤織長針。

5 接下來的2針長針，分別在前段長針的鎖狀針頭挑2條線鉤織。

6 在前段鎖針上鉤織的長針（◎），全都是挑起整條鎖針的挑束鉤織。

在長長針的針頭鉤織接續的短針　　*以p.32的花樣織片47示範解說。

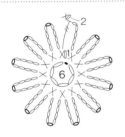

1 花樣織片第1段鉤織完成的模樣（織段終點是鉤長長針）。

2 第2段。鉤立起針的1針鎖針，鉤針穿入長長針針頭的右側，鉤織短針。

3 鉤完短針後，長長針的針頭被包入其中。

在1針鎖針上鉤織短針　　*以p.32的花樣織片47示範解說。

1 第2段。鉤織4針鎖針，接著，鉤針穿入第1段9針鎖針的中央針目（第5針），挑2條線鉤織短針。
*以p.34的花樣織片51示範解說。

2 完成短針的模樣。以相同方式，重複「4針鎖針、1針短針」。

3 織段終點，原本的4針鎖針改鉤「2針鎖針＋1針中長針」。

方眼編的情況

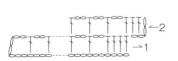

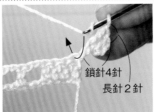

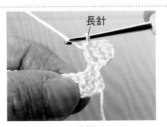

1 將織片翻面，開始鉤織第2段。鉤好4鎖針與2針長針之後，下一針是挑前段長針針頭的鎖狀2條線，鉤織1針長針。

2 完成長針的模樣。

3 重複鉤織「2針鎖針、1針長針」（第4段之後，有部分為挑鎖針束鉤織的狀況，請多加留意）。

✳ 鉤織終點（鎖針接縫的方法）

A　接縫長針時

線頭

鎖針針目
（背面）

最後，所有的花樣織片，都請預留大約10cm的線長後剪斷。將針目拉長後，鉤出織線。

1️⃣織線穿入毛線針後，將縫針穿過長針針頭的2條線，再由上往下穿回收針處針目的中央，從針目背面出針（圖為p.06的花樣織片04）。

2️⃣拉線，調整至等同鎖針針目的大小（亦可覆在立起針的鎖針上）。

3️⃣將花樣織片翻至背面，將線頭穿入針目的1條線中。

B　接縫短針時

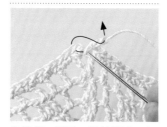

C　接縫鎖針時

鎖針針目

4️⃣即使從背面看來，針目也是拼接在一起的。完成鎖針接縫。

作法與A相同，將線頭穿入短針針頭的2條線，再穿回收針處針目的中央（圖為p.30的花樣織片45）。

依照A的相同要領，將線頭穿入鎖針與裡山上方之間，再穿回收針處針目的中央（圖為p.22的花樣織片30）。

✳ 收針藏線　只要將線頭穿入針目密集處，就能完美隱藏織線，作出整潔漂亮的織物。

（背面）

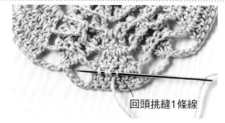
回頭挑縫1條線

1️⃣為了避免將線頭穿到正面影響美觀，縫針要在織片背面穿入針目，如圖示挑縫2、3針（圖為p.06花樣織片04）。

2️⃣出針後回頭挑縫半針，再挑縫2、3針。

3️⃣以熨斗整燙織片後，再剪斷多餘的線頭。

●針目密集處較狹小的情況

（背面）

縫針穿入數針織線，出針後往回挑針，如圖示先挑出針處左側1條線（●），再挑右側數針固定線頭（圖為p.22花樣織片30）。

●織片鏤空處較多的情況

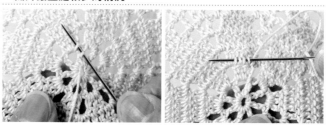

如圖示一邊挑針一邊前往織片針目密集處，並依照上方收針藏線1️⃣至3️⃣的步驟，進行收尾（圖為p.30花樣織片45）。

❊ 熨斗整燙　請準備手帕、熨斗、燙衣板

1 織片背面朝上置於燙衣板，並罩上一片已沾濕的手帕。將熨斗設定為高溫，以垂直、輕壓的方式進行整燙。

2 以熨斗進行整燙後，翻回正面，趁織片微溼柔軟時整理形狀，靜置待其乾燥定型。

3 完全乾燥後，這才剪斷多餘的線頭。
＊使用壓克力線等，較不耐熱的化學纖維線編織時，請蓋上乾布，並以蒸汽熨燙。

❊ 花樣織片的織法重點

花樣織片41的織法

＊示範部分為p.28花樣織片41第5段的編織記號（完整織圖請參照p.66）。

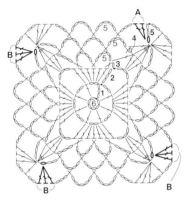

鎖針3針

1 第5段的鉤織起點，先鉤立起針的3針鎖針，再鉤A，鉤針穿入第1針的裡山，織2針長針。

長針2針

3 參照織圖，鉤至下一個轉角的長針為止。

3 在第4段長針3併針的針頭處挑針，鉤織「3針長針、2針鎖針、1針長針、2針鎖針」。

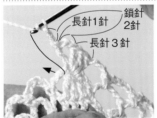

長針1針　鎖針2針
長針3針

4 B是穿入第4段的鎖針與裡山之間，鉤織3針長針。

長針3針

5 依照步驟 3、4，完成轉角處的花樣。

6 重複步驟 2 至 4，本段鉤織終點是織引拔針。

✕ 逆短針

＊示範部分為p.36飾以花朵織片的手提袋的編織記號（完整織圖請參照p.72）。
＊為了更淺顯易懂，改以不同色線示範。

新線

1 鉤針穿入前段針目，鉤出新線後，鉤1針鎖針為立起針，再依箭頭指示穿入鉤針。

①

②　③　逆短針

2 鉤針掛線鉤出（①），再次掛線後依箭頭指示引拔（②）。完成1針逆短針③。

3 重複步驟 1、2，鉤織逆短針。

⌯ 表引長針 ＊以p.06的花樣織片04示範解說（完整織圖請參照p.51）。

1 第2段。鉤織3針鎖針的立起針，再織表引長針。鉤針掛線，如圖示由正面橫向穿入前段長針的針柱。

2 鉤針掛線，鉤出稍長的織線，此時要避免過度拉扯使前段針目歪斜。

3 鉤針掛線，一次引拔前2個線圈。

4 鉤針再次掛線，一次引拔2個線圈。

5 完成1針表引長針。

6 重複「2針鎖針、2針表引長針」，本段鉤織終點是織引拔針。

7 第3段。依照步驟 1 至 5 的方式鉤織表引長針，但鎖針改為3針。

8 本段鉤織終點是織長針。形成波浪般輪廓柔和的織片。

立體花樣織片（花樣織片05）的織法
＊示範部分為p.09花樣織片05的第1至3段織法（織圖請參照p.52）。
＊為了更淺顯易懂，改以不同色線示範。

1 第1段鉤織完成的模樣。

2 將步驟 1 的織片翻至背面。第2段的「裡引短針（ ）」，是將鉤針依箭頭指示，穿入第1段短針背面的2條線。

3 第2段。鉤1針鎖針為立起針，並參照步驟 2 ，挑第1段短針背面的2條線，掛線鉤出，鉤織短針。

4 重複「3針鎖針、1針裡引短針」，本段鉤織終點是織3針鎖針以及引拔針。

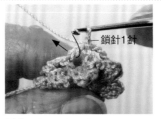

5 第3段。鉤1針鎖針為立起針，挑前段的鎖針束鉤織花樣。

6 完成1片花瓣。

7 重複步驟 5 、 6 ，鉤織8片花瓣，鉤織終點是織引拔針。完成立體的花樣織片。

緣飾花邊第1段的織法
（直接在布面上鉤織的方法）
*p.39的「在手帕上鉤織緣飾」全都適用以下織法（織圖請參照p.74）。
*為了更淺顯易懂，改以不同色線示範。

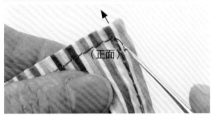

1 鉤針從正面穿入轉角的針趾中（手帕的縫製方法請參照p.74）。

2 鉤針掛線鉤出。

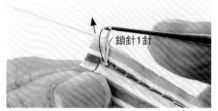

3 鉤織立起針的1針鎖針。接著，在步驟1的同一處挑針，鉤織短針。

4 完成短針的模樣。依照步驟3的作法，重複2次「1針鎖針、1針短針」，將轉角包裹起來。

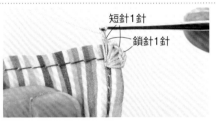

5 轉角鉤織完成的模樣。四邊直線部分則重複「1針鎖針、下一個針趾處鉤1針短針」的織法。

6 當織片密度與針趾間隔不一致的時候，可以跳過針趾，或是在針趾之間穿入布面鉤織（◎）等，進行調整。

花樣織片手環（p.41）的織法
*此織片有如一筆繪般，一次完成半邊的鉤織，再換邊進行（織圖請參照p.75）。

1 鎖針起針13針，以引拔針接合成環狀（①）。鉤1針鎖針為立起針，在鎖針上挑束，鉤織短針（②）。

2 織完22針後，鉤針穿入第1針短針中，鉤引拔針（③）。接著鉤織7針鎖針，再挑第4針鉤織引拔針，連接成環狀（④）。

3 依照步驟1的要領，在鎖針環裡挑束鉤織8針短針（⑤），最後鉤引拔針接合成環。

4 鉤織半邊的織片花樣（⑥）。依照步驟④的要領，鉤9針鎖針，再挑第6針鉤織引拔針，連接成環狀（⑦）。重複步驟⑤至⑦，鉤織指定的片數。

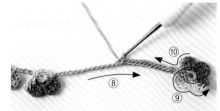

5 鉤織34針鎖針（⑧）。在第31針鉤織引拔針，連接成環狀，並且鉤織邊端的花樣織片（⑨）。在步驟⑧的30針鎖針上挑針，鉤織引拔針（⑩）。

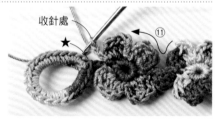

6 鉤織步驟4另外半邊未完成的花樣織片，朝最初的花樣織片往回鉤（⑪）。收針處以鎖針接縫固定於短針上（★）。

串珠鉤織項鍊（p.41）的織法

＊請於鉤織前，事先將串珠穿入織線。製作時一邊鉤織，一邊拉近串珠織入，1針鎖針1顆串珠，1針長針2顆串珠（織圖請參照p.75）。

●串入珠子的方法

●除了串珠與織線外，請另外準備串珠針、手縫線（長約10cm），與木工用黏著劑。

●將織線前端約3cm處撚開，夾入手縫線後，重新撚緊，並以木工用黏著劑固定（①）。手縫線穿入串珠針（②），接著一一穿入串珠（③），再移動串珠至織線上（④）。穿完串珠之後，將黏著劑固定的線段（①）剪斷。

●鉤織項鍊

拉近串珠　　鎖針

1 製作基底針目（參照p.76的鎖針4），將1顆串珠拉至針目旁。鉤針掛線，鉤織鎖針。

2 重複步驟**1**，在鉤織1針鎖針時織入1顆串珠，鉤織至指定的針數為止（織入的串珠在鎖針背面）。

＊接下來，照織圖應該是鉤織引拔針接合成圈，製作手鍊釦眼，此部分跳過不示範。

鎖針3針

3 鉤織5個3鎖針的結粒針。首先，分別鉤織3針織入串珠的鎖針，引拔針則往回算第4針，挑1條線鉤織固定。

鎖針3針

4 以相同方法鉤織第2個結粒針的3針鎖針，接著在第1個結粒針的引拔針上挑1條線，鉤織引拔針。

5個結粒針

5 依照步驟**4**的要領，在前1個結粒針的引拔針上挑針，鉤織引拔針，一共鉤織5個結粒針。

6 在步驟**3**的同一處挑針，鉤織引拔針，將5個結粒針連接成一環。

7 鉤織2針鎖針。接著，鉤針掛線，在第1個結粒針前的第4針鎖針挑1條線，掛線鉤出。

長針

2顆串珠

8 接著「將1顆串珠拉近針目。鉤針掛線，一次引拔鉤針上的前2個線圈」重複2次。完成1針織入2顆串珠的長針。

9 重複步驟**1**至**8**。

織法

- 花樣織片的鉤織基礎請參照p.42至48，針目記號與織法等鉤針編織基礎請見p.76至79。
- 線材處標示的「相當於○號」，為替換成其他日本國產線材時的基準。
  即使是相同的號數，也會因為廠商不同而有粗細上的差異，請選擇符合自己喜好的線材即可。

p.04 ❀花樣織片01

完成尺寸　直徑6cm
線材
當於20號的棉線[Anchor Aida 5號]
　淺粉紅（00968）…約1.5g
工具　0號蕾絲鉤針、毛線針
密度　長針　1段=約0.8cm
織法
取1條線鉤織。
鎖針的輪狀起針，鉤5針鎖針接合成
圈，依織圖鉤織3段。收針處作鎖針
接縫（p.44），最後進行線頭的藏
線。

織圖

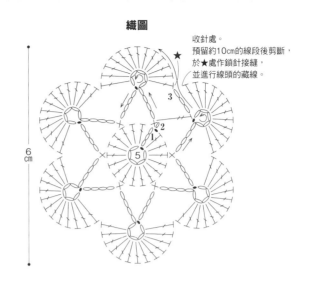

收針處。
預留約10cm的線段後剪斷，
於★處作鎖針接縫，
並進行線頭的藏線。

6cm

p.05 ❀花團錦簇桌墊

完成尺寸　15cm×16.5cm
線材
相當於30號的亞麻線[Anchor Linen
10號]　原色（926）…約10.5g
工具　2號蕾絲鉤針、毛線針
花樣織片尺寸　直徑5.5cm
織法
取1條線鉤織，織片作法同花樣織片
01。
按順序鉤織①（第1片），從②（第2
片）開始，在最終段第3段的記號
處，一邊鉤織一邊進行「重新入針以
長針拼接的方法（p.79）」接合相鄰
織片，全部鉤織7片。各織片的收針
處作鎖針接縫（p.44），並進行線頭
的藏線。

製圖
拼接花樣織片 7片
※○內數字為花樣織片的鉤織拼接順序。

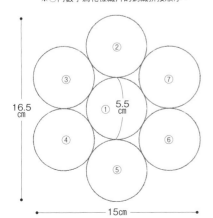

16.5cm

5.5cm

15cm

花樣織片的織圖與拼接方法

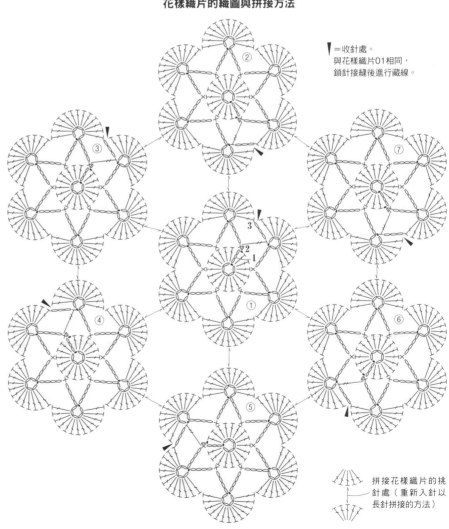

▌=收針處。
與花樣織片01相同，
鎖針接縫後進行藏線。

拼接花樣織片的挑
針處（重新入針以
長針拼接的方法）

49

完成尺寸

02／直徑8cm
03／直徑7.5cm
06／直徑5.5cm
07／直徑4.5cm
16／直徑3.5cm

線材

相當於20號的棉線[Anchor Aida 5號]
02／粉紅色（00894）…約3.5g
03／蜜桃橘（00336）…約3g
06／淺橘色（01010）…約2.5g、紅色（08047）…約1g
07／原色（09926）、紅色（08047）…各約1.5g
16／粉綠（00213）…約1.5g

工具　0號蕾絲鉤針、毛線針

密度

長針　1段=約0.8cm

織法

取1條線鉤織，花樣織片06、07依指定配色編織。
鎖針的輪狀起針，花樣織片02鉤8針，其餘則鉤6針鎖針接合成圈，依織圖鉤織指定段數。收針處作鎖針接縫（p.44），並進行線頭的藏線。

織圖

※＝織片的收針處。
預留約10cm的線段後剪斷，於★處作鎖針接縫，並進行線頭的藏線。

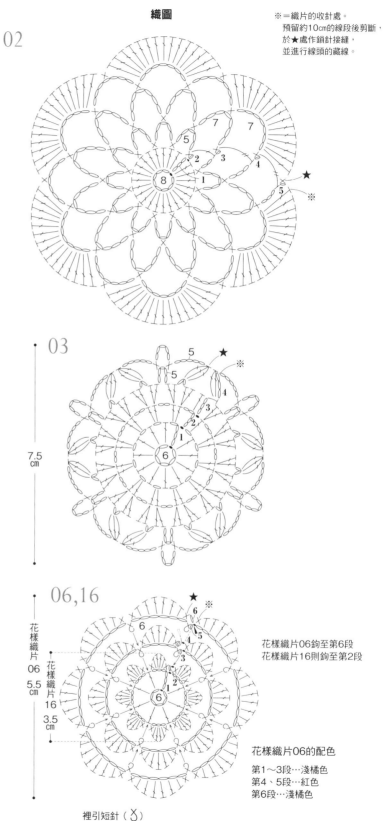

02

8cm

03

7.5cm

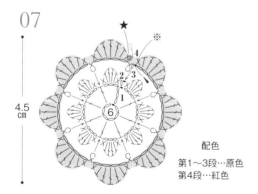

07

4.5cm

第3段的表引短針（ ）是挑第1段的長針鉤織。
鉤織完成後，以花樣織片的背面作為正面。

配色
第1〜3段…原色
第4段…紅色

▽＝接線
▲＝剪線

06,16

花樣織片06
5.5cm

花樣織片16
3.5cm

花樣織片06鉤至第6段
花樣織片16則鉤至第2段

花樣織片06的配色
第1〜3段…淺橘色
第4、5段…紅色
第6段…淺橘色

裡引短針（ ）
依p.46「立體花樣織片的織法」要領，第3段挑第1段的長針，第5段挑第3段的裡引短針，鉤織裡引短針。

完成尺寸 直徑7.5cm

線材
相當於20號的棉線[Anchor Aida 5
號] 粉綠（00213）…5g
工具 0號蕾絲鉤針、毛線針
密度 長針 1段=約0.65cm

織法
取1條線鉤織。
鎖針的輪狀起針，鉤8針鎖針接合成
圈，依織圖鉤織6段。收針處作鎖針
接縫（p.44），最後進行線頭的藏
線。

p.07 ❁羊毛針插

完成尺寸（大約） 直徑6cm、厚度2
cm

線材
極細程度的毛線［HOBBYRA
HOBBYRE Airy Wool］ 胭脂紅
（09）、淺黃色（01）、黃綠色
（02）…各5g
羊毛 白色…4g（1件份）
工具 0號蕾絲鉤針或2／0號鉤針、
毛線針
密度 長針 1段=約0.6cm

織法
取1條線鉤織。
主體的花樣編同上方的織片04，鉤織
兩片相同的織片，1片剪斷織線
（◎）。將兩片主體織片背面相對重
疊，再以另1條織線鉤織緣編，進行
併接。但是中途就要將揉圓的羊毛填
入。緣邊的收針是在★處作鎖針接縫
（p.44），並進行線頭的藏線。◎織
片的線頭則是藏入織片背面。

製圖 **外緣** 緣編
兩片主體織片背面相對重疊，
中途將羊毛填入，
完成併接。

0.1cm=1段

3.5cm=6段

約7cm

主體
花樣編
2片

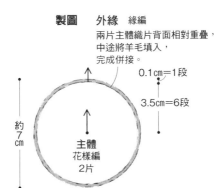

織圖

7.5 cm

收針處。
預留約10cm的線段後剪斷，
於★處作鎖針接縫，
並進行線頭的藏線。

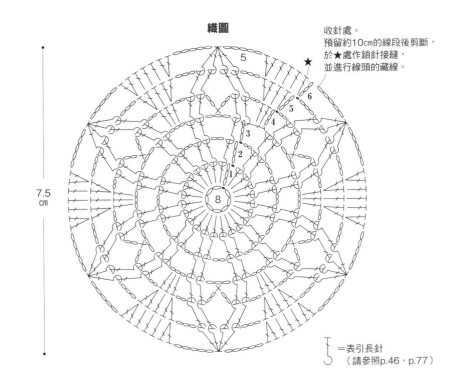

┃ =表引長針
（請參照p.46、p.77）

完成圖
（側面的模樣）

緣編

主體

主體

約2cm

約6cm

織圖

緣編
（兩片主體織片背面相對重疊，
進行引拔針的併縫）

1片花樣織片
預留約10cm的線段後
剪斷織線（◎）

收針處。
同花樣織片04的作法，
★處作鎖針接縫，
並進行線頭的藏線。

將羊毛揉圓
填入之後，
繼續鉤織緣編。

花樣編

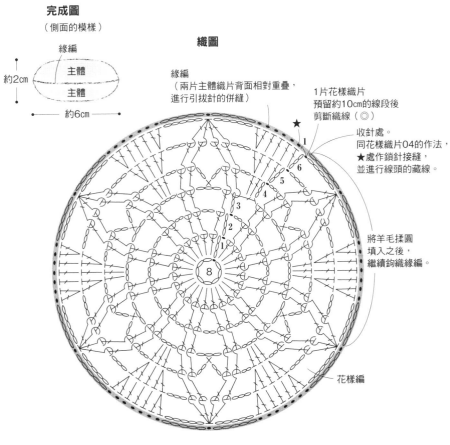

完成尺寸
全長約38.4cm（不包含繩鍊部分）

線材
相當於30號的蕾絲線 ［Anchor Mercer Crochet Metallic］ 原色金蔥混織線（7926）…15g

工具 2號蕾絲鉤針、毛線針

密度 長針 1段＝約0.7cm

織法
取1條線鉤織。
織片作法同下方的花樣織片05第1至3段。按順序鉤織①（第1片），並接續鉤織繩鍊與繩鍊前端。從②（第2片）開始，在最終段第3段一邊鉤織一邊進行「重新入針後以長針拼接的方法」（p.79）接合相鄰織片，全部鉤織12片。織片⑫完成後接續鉤織繩鍊與繩鍊前端，作法同織片①。各花樣織片的收針處依右側織圖所示，進行線頭的藏線。

製圖

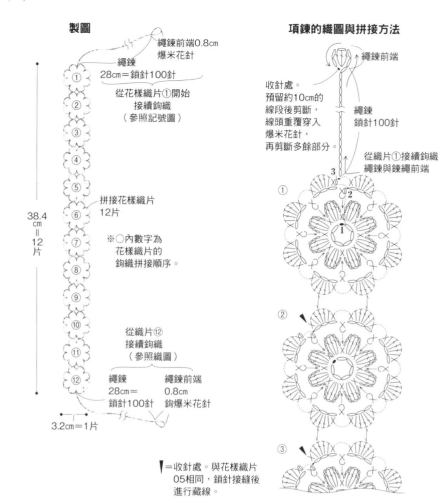

繩鍊前端0.8cm
爆米花針
繩鍊
28cm＝鎖針100針
從花樣織片①開始
接續鉤織
（參照記號圖）

38.4 cm ＝ 12片

拼接花樣織片
12片

※○內數字為
花樣織片的
鉤織拼接順序。

從織片⑫
接續鉤織
（參照織圖）

繩鍊　　繩鍊前端
28cm＝　0.8cm
鎖針100針 鉤爆米花針

3.2cm＝1片

▌＝收針處。與花樣織片
05相同，鎖針接縫後
進行藏線。

項鍊的織圖與拼接方法

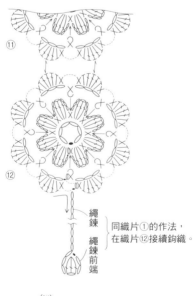

繩鍊前端
收針處。
預留約10cm的
線段後剪斷，
線頭重覆穿入
爆米花針，
再剪斷多餘部分。
繩鍊
鎖針100針
從織片①接續鉤織
繩鍊與繩鍊前端

同織片①的作法，
在織片⑫接續鉤織

繩鍊
繩鍊
前端

拼接花樣織片的挑針處
（重新入針以長針
拼接的方法）

---

p.09 ❊花樣織片05

完成尺寸 直徑5cm

線材
相當於20號的棉線[Anchor Aida 5號] 粉紅色（00894）…5g

工具 0號蕾絲鉤針、毛線針

密度 長針 1段＝約0.8cm

織法
取1條線鉤織。
鎖針的輪狀起針，鉤6針鎖針接合成圈，依織圖鉤織5段。收針處作鎖針接縫（p.44），最後進行線頭的藏線。

織圖

=3長針的
爆米花針
（參照p.77）

收針處。
預留約10cm的線段後剪斷，
於★處作鎖針接縫，
並進行線頭的藏線。

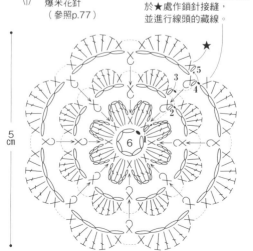

5 cm

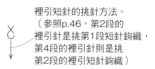

裡引短針的挑針方法。
（參照p.46，第2段的
裡引針是挑第1段短針鉤織，
第4段的裡引針則是挑
第2段的裡引短針鉤織）

完成尺寸
08／直徑6cm
09／直徑11.5cm
10／直徑10cm
11／直徑7.5cm

線材
相當於20號的棉線[Anchor Aida 5 號]08／淡粉紅色（00968）…約2.5g
09／原色（09926）…約9g
10／粉綠（00213）…約5g
11／淺駝色（00387）…約4g
工具 0號蕾絲鉤針、毛線針
密度 長針 1段＝約0.8cm

織法
取1條線鉤織。
鎖針的輪狀起針，除了花樣織片10是鉤8針以外，其餘皆鉤6針鎖針接合成圈，依織圖鉤織指定的段數。收針處作鎖針接縫（p.44），最後進行線頭的藏線。

織圖

※＝織片的收針處。預留約10cm的線段後剪斷，於★處作鎖針接縫，並進行線頭的藏線。

09

11.5 cm

08

6 cm

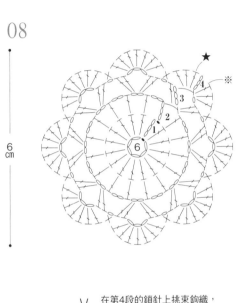

10

10 cm

X ＝一併包裹第4段與第5段，鉤織短針。
在第4段的鎖針上挑束鉤織，

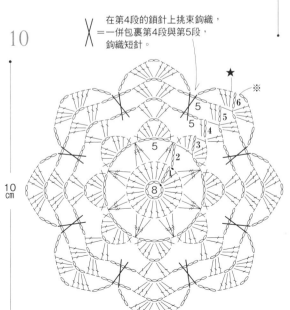

11

7.5 cm

X ＝一併包裹第2~4段，鉤織短針。
在第2段的鎖針上挑束鉤織，

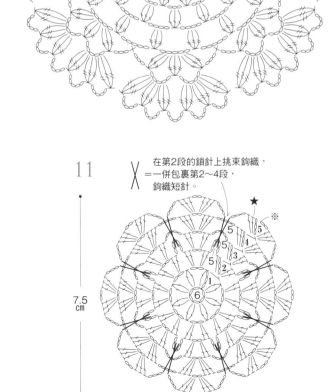

完成尺寸　直徑6.5cm
線材
相當於20號的棉線[Anchor Aida 5
號]粉紅色（00894）…約2.5g
工具　0號蕾絲鉤針、毛線針
密度　長針　1段＝約0.8cm
織法
取1條線鉤織。
鎖針的輪狀起針，鉤6針鎖針接合成
圈，依織圖鉤織4段。收針處作鎖針
接縫（p.44），最後進行線頭的藏
線。

完成尺寸　參照完成圖
線材
相當於合太的棉線[內藤商事 Matilde]
　　藍色（21）…180g
工具　3／0號鉤針、毛線針
花樣織片尺寸　6cm正方形

織法
取1條線鉤織。
織片作法同左側的花樣織片12。按順
序鉤織①（第1片），從②（第2片）
開始，在最終段第4段的記號處，一邊
鉤織一邊進行「重新入針以鎖針拼接
的方法」與「重新入針以長針拼接的
方法」（p.79）接合相鄰織片，全部
鉤織50片。參照完成圖，進行提把的
捲針縫。各織片的收針處作鎖針接縫
（p.44），並進行線頭的藏線。

織片配置圖

○內數字為花樣織片的鉤織拼接順序。
●、△、▲、○、◎、✕ 為合印記號。
請一邊鉤織，一邊拼接。

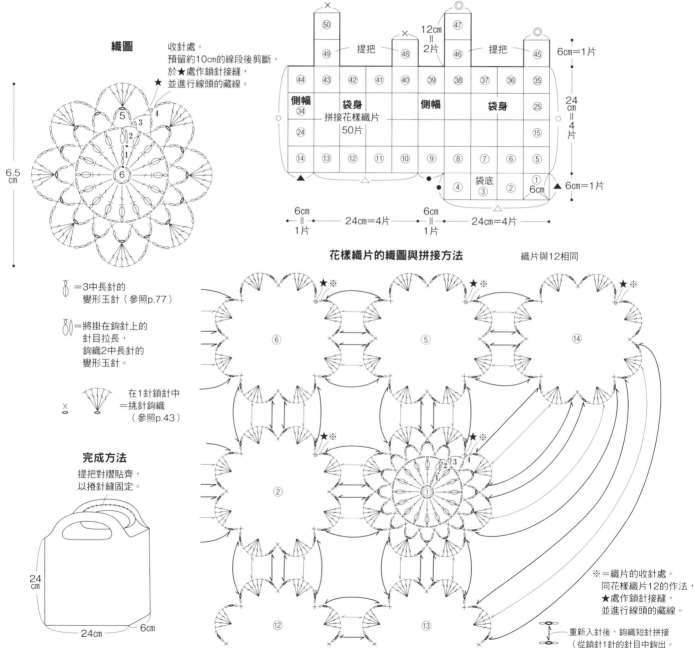

織圖

收針處。
預留約10cm的線段後剪斷，
於★處作鎖針接縫，
並進行線頭的藏線。

6.5
cm

= 3中長針的
變形玉針（參照p.77）

= 將掛在鉤針上的
針目拉長，
鉤織2中長針的
變形玉針。

✕
○

在1針鎖針中
= 挑針鉤織
（參照p.43）

完成方法

提把對摺貼齊，
以捲針縫固定。

24
cm

24cm

6cm

花樣織片的織圖與拼接方法　　織片與12相同

※＝織片的收針處。
同花樣織片12的作法，
★處作鎖針接縫，
並進行線頭的藏線。

重新入針後，鉤織短針拼接
（從鎖針1針的針目中鉤出。
參照p.79）

完成尺寸
13、14／直徑12㎝
15／直徑7㎝
17／直徑5㎝

線材
相當於20號的棉線[Anchor Aida 5號]
13／米白色（09002）…約6.5g
14／水藍色（00128）…約7.5g
15／淡粉紅色（00968）…約2.5g
17／蜜桃橘（00336）…約2g
工具　0號蕾絲鉤針、毛線針

密度
13、14／長長針　1段=約1㎝
15、17／長針　1段=約0.8㎝

織法
取1條線鉤織。
鎖針的輪狀起針，花樣織片13、15鉤6針，花樣織片14鉤8針，花樣織片17則鉤12針鎖針接合成圈，依織圖鉤織指定段數。收針處作鎖針接縫（p.44），最後進行線頭的藏線。

※＝織片的收針處。
　　預留約10㎝的線段後剪斷，
　　於★處作鎖針接縫，
　　並進行線頭的藏線。

織圖

13

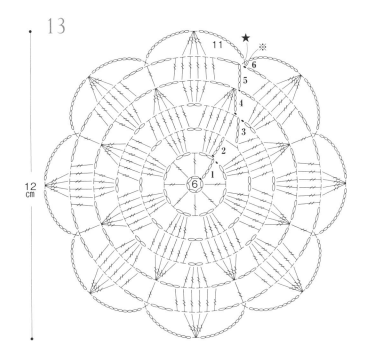

14

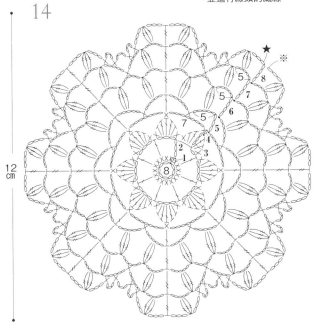

15

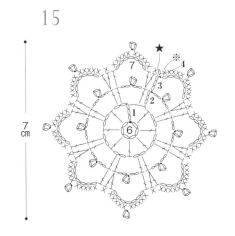

17

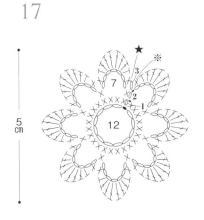

完成尺寸
18／直徑8cm
19／直徑7.5cm
20／直徑14cm

線材
相當於20號的棉線[Anchor Aida 5號]
18／黃色（00293）…約4g
19／胭脂紅（00072）…約3g
20／米白色（09002）…約11g

工具 0號蕾絲鉤針、毛線針

密度
18、20／長針　1段=約0.8cm
19／長長針　1段=約1cm

織法
取1條線鉤織。
鎖針的輪狀起針，花樣織片18、19
鉤8針，花樣織片20鉤6針鎖針接合
成圈，依織圖鉤織指定段數。收針處
作鎖針接縫（p.44），最後進行線頭
的藏線。

織圖

※＝織片的收針處。
　預留約10cm的線段後剪斷，
　於★處作鎖針接縫，
　並進行線頭的藏線。

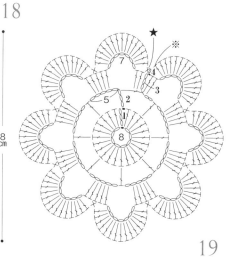

18

8cm

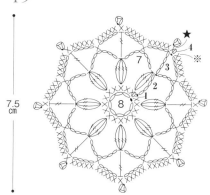

19

7.5cm

在第6段的鎖針上挑束鉤織，
╳ =一併包裹第6段與第7段，
　鉤織短針。

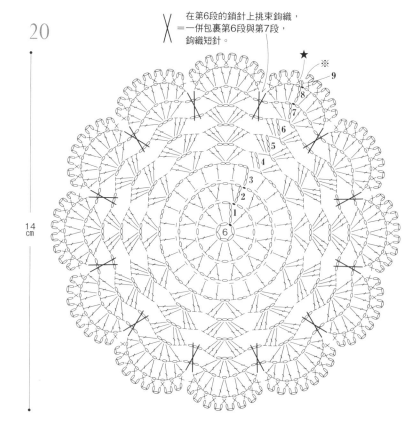

20

14cm

完成尺寸

21／直徑11㎝

22／直徑11.5㎝

23／直徑6.5㎝

線材

相當於20號的棉線[Anchor Aida 5號]

21／淡粉紅色（00968）…約7g

22／淺駝色（00387）…約9g

23／粉綠（00213）…約3g

工具　0號蕾絲鉤針、毛線針

密度

21／長長針　1段=約1㎝

22、23／長針　1段=約0.8㎝

織法

取1條線鉤織。

鎖針的輪狀起針，花樣織片21鉤8針，花樣織片22、23鉤6針鎖針接合成圈，依織圖鉤織指定段數。收針處作鎖針接縫（p.44），最後進行線頭的藏線。

織圖　※=織片的收針處。
預留約10cm的線段後剪斷，
於★處作鎖針接縫，
並進行線頭的藏線。

21

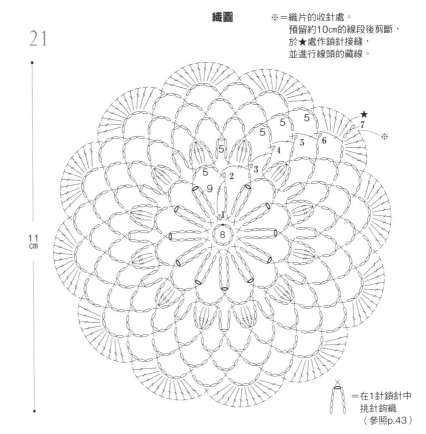

11㎝

⌇⌇=在1針鎖針中
挑針鉤織
（參照p.43）

22

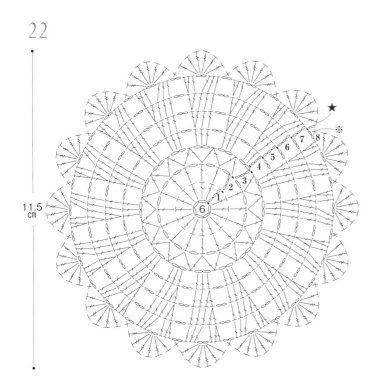

11.5㎝

23

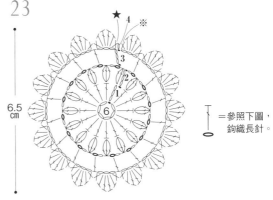

6.5㎝

⊤
◯ =參照下圖，
鉤織長針。

◯ 的織法

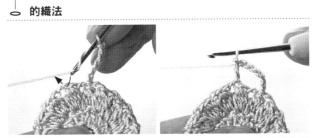

與p.45花樣織片41的織法B相同，鉤針穿入第2段的鎖針與裡山之間，挑2條線鉤織長針。

p.17 ❀花樣織片24,25   *p.20* ❀花樣織片28,29

完成尺寸
24／直徑8cm
25／直徑11.5cm
28／直徑6cm
29／直徑7cm

線材
相當於20號的棉線[Anchor Aida 5
號]
24／原色（09926）…約3.5g
25／原色（09926）…約7g
28／水藍色（00128）…約2.5g
29／粉綠（00213）…約7.5g

工具　0號蕾絲鉤針、毛線針
密度
24、28／長針　1段=約0.8cm
25／長長針　1段=約1cm
29／表引長針　1段=約0.5cm

織法
取1條線鉤織。
鎖針的輪狀起針，花樣織片24、29
鉤6針，花樣織片25鉤10針，花樣
織片28則鉤8針鎖針接合成圈，依織
圖鉤織指定段數。收針處作鎖針接縫
（p.44），最後進行線頭的藏線。

織圖

※＝織片的收針處。
　預留約10cm的線段後剪斷，
　於★處作鎖針接縫，
　並進行線頭的藏線。

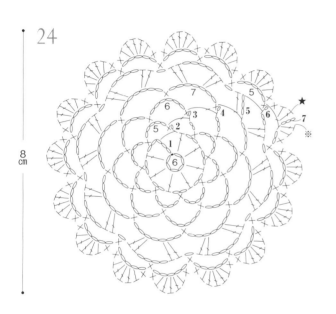

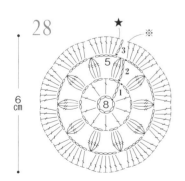

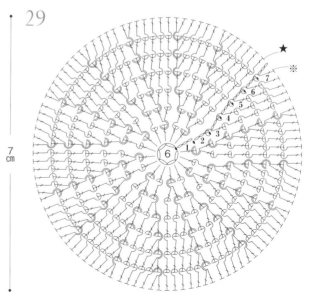

p.18 ❋花樣織片 26

完成尺寸 直徑9.5cm
線材
相當於20號的棉線[Anchor Aida 5號]
　金黃色（00363）…7g
工具 0號蕾絲鉤針、毛線針
密度
3中長針的變形玉針　1段=約0.8cm
織法
取1條織線編織。
手指繞線的輪狀起針，依織圖鉤織6
段。收針處作鎖針接縫（p.44），最
後進行線頭的藏線。

織圖

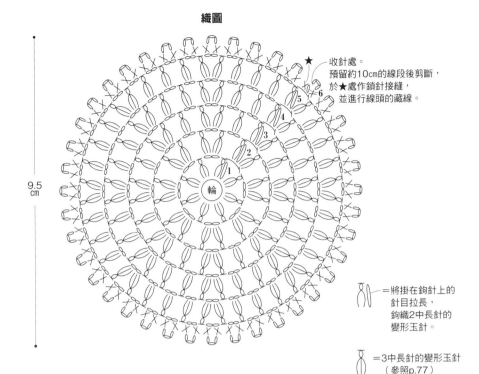

★=收針處。
預留約10cm的線段後剪斷，
於★處作鎖針接縫，
並進行線頭的藏線。

9.5cm

= 將掛在鉤針上的
　針目拉長，
　鉤織2中長針的
　變形玉針。

= 3中長針的變形玉針
　（參照p.77）

p.19 ❋以細繩編織的
　　　　胸針

完成尺寸 直徑5cm
線材
相當於1mm粗的細線
A、B／土耳其藍…9 m、
白色或原色…3 m
C／土耳其藍…12 m
長2.5cm的別針
工具 5／0號鉤針、毛線針、縫線、
手縫針
密度
3中長針的變形玉針　1段=約1.5cm
織法
手指繞線的輪狀起針，胸針A、B皆
於第2段換色鉤織，依織圖鉤織5段。
在第5段的短針針頭穿入織線，縮緊
整理出胸針的形狀，線頭藏於織片背
面。最後在織片背面縫上別針即可。

胸針A·B的織圖

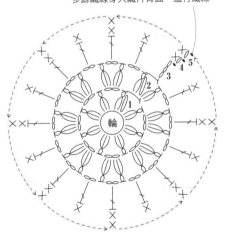

胸針C以相同
方式進行藏線

胸針C的織圖

收針處。
預留約10cm的線段後剪斷，
——穿入第5段（最終段）
短針的鎖狀針頭後，抽繩縮緊。
多餘織線穿入織片背面，進行藏線。

胸針A·B的配色	第1段	A 白色·B 原色
	第2～5段	土耳其藍

▽ =接線 ⎱線頭穿入
　　　　　⎰織片背面，
▼ =剪線 　進行藏線。

完成方法

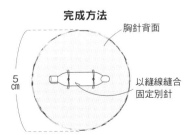

胸針背面

5cm

以縫線縫合
固定別針

59

完成尺寸 直徑11cm
線材
相當於20號的棉線[Anchor Aida 5號]
　蜜桃橘（00336）…13g
工具 0號蕾絲鉤針、毛線針
密度 長針　1段=約0.7cm
織法
取1條線鉤織。
鎖針的輪狀起針，鉤4針鎖針接合成
圈，依織圖鉤織8段。收針處作鎖針
接縫（p.44），最後進行線頭的藏
線。

p.21 ✽亞麻手織束口包

完成尺寸
袋底直徑9cm、高9.5cm
線材
相當於30號的亞麻線[Anchor Linen]
　淺駝色（390）…35g
工具 2號蕾絲鉤針、毛線針
密度 花樣編（袋身）　1組花樣=約
4.5cm、　5段=3cm
織法
取1條線鉤織。
袋底的7段花樣編，與上方的花樣織
片27相同。接線之後，繼續鉤織袋
底第7段的花樣作為袋身，鉤織15段
後，第16段是依織片27的第8段鉤
織。收針處作鎖針接縫（p.44），
並且進行線頭的藏線。鉤織2條束口
繩，藏線後穿入袋身的第16段，兩側
的線端分別打單結固定。

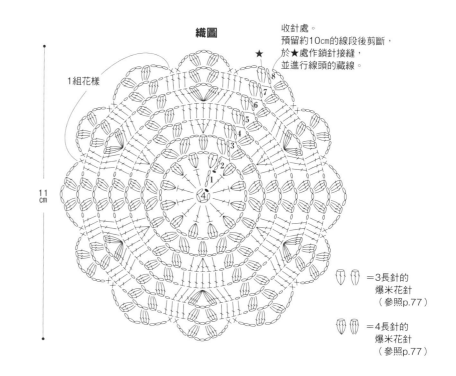

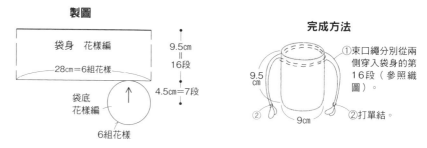

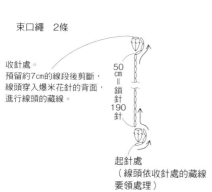

完成尺寸　直徑11㎝

線材

相當於20號的棉線[Anchor Aida 5號]　粉綠（00213）…8g

工具　0號蕾絲鉤針、毛線針

密度　長針　1段=約0.8㎝

織法

取1條線鉤織。

鎖針的輪狀起針，鉤6針鎖針接合成圈，依織圖鉤織8段。收針處作鎖針接縫（p.44），最後進行線頭的藏線。

織圖

收針處。
預留約10cm的線段後剪斷，
於★處作鎖針接縫，並進行線頭的藏線。

$\updownarrow$＝長針的筋編
（參照p.76）

11㎝

花樣織片的針數

段	針數	
8〜6	10組花樣	
5	80針	每段增加16針
4	64針	
3	48針	
2	32針	
1	16針	

第1段為長針，
2〜6段為長針的筋編。

p.23　❀**雙層加厚款
茶壺墊**

完成尺寸　直徑14㎝（不含掛繩）

線材

相當於20號的棉線[Anchor Aida 5號]
粉綠（00213）、黃色（00293）
…各10g

工具　0號蕾絲鉤針、毛線針

密度　長針　1段=約0.8㎝

織法

取1條線鉤織。

主體是分別取1條粉綠與黃色織線各鉤一片，依上方織圖鉤織至第7段；再以指定配色鉤織外緣。外緣的第1段請參照p.79「茶壺墊　外緣的挑針方法」，將兩片主體重疊對齊後一起挑針鉤織，收針處與剪線處分別進行鎖針接縫（p.44），再將線頭藏起。

製圖

掛繩
鎖針16針

兩片主體重疊對齊，
挑14組花樣。

2cm=3段

5cm=7段

112針

14cm

外緣　花樣編織
粉綠・黃色

主體
長針的筋編
（第1段為長針）
黃色
粉綠 ｝各1片

1組花樣

主體＆外緣的織圖

$\triangledown$＝接線。
外緣第1段依p.79的方法，
將兩片主體一起挑針鉤織。

$\blacktriangledown$＝剪線。
同花樣織片30
作鎖針接縫，
並且進行藏線。

掛繩
鎖針16針

收針處。
預留約10cm的線段後剪斷，
將線頭穿入織片背面，進行藏線。

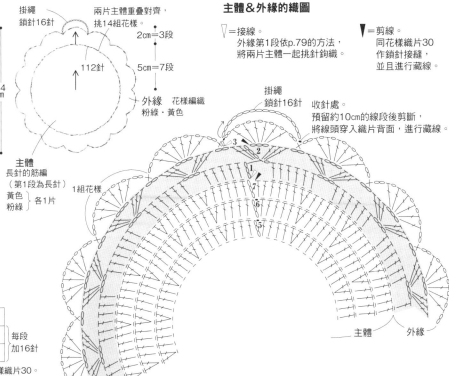

主體　　　　外緣

外緣的針數與配色

段	針數	針數
3		黃色
2	14組花樣	
1		粉綠

主體針數

段	針數	
7	112針	每段加16針
6	96針	

＊第1〜5段同花樣織片30。

完成尺寸
31／直徑5㎝
32／直徑7.5㎝
34／13.5㎝正方
35／4.5㎝正方

線材
相當於20號的棉線[Anchor Aida 5號]
31／蜜桃橘（00336）…約2g
32／米白色（09002）…約3.5g
34／米白色（09002）…約8.5g
35／淡粉紅色（00968）…約2g

工具　0號蕾絲鉤針、毛線針

密度
31、34／長針　1段=約0.8㎝
32／長長針　1段=約1㎝
35／中長針的變形玉針　1段=約0.9㎝

織法
取1條線鉤織。
鎖針的輪狀起針，花樣織片31鉤5針，
花樣織片32鉤15針，花樣織片34、35
鉤6針鎖針接合成圈，依織圖鉤織指定
段數。收針處作鎖針接縫（p.44），最
後進行線頭的藏線。

織圖

※=織片的收針處。
預留約10㎝的線段後剪斷，
於★處作鎖針接縫，
並進行線頭的藏線。

31
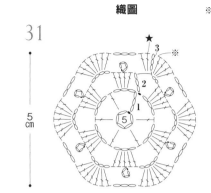

32
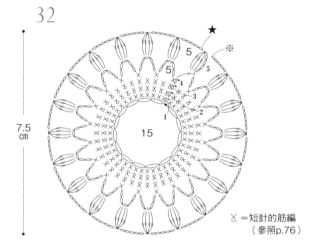

╳ =短針的筋編
（參照p.76）

34
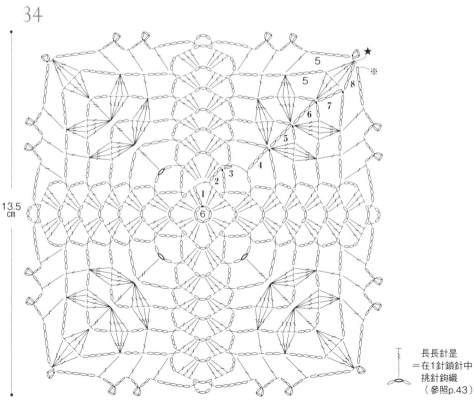

35
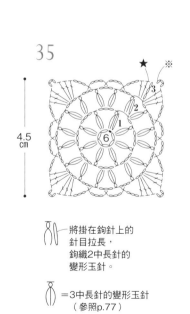

將掛在鉤針上的
針目拉長，
鉤織2中長針的
變形玉針。

=3中長針的變形玉針
（參照p.77）

長長針是
=在1針鎖針中
挑針鉤織
（參照p.43）

p.24 ❀花樣織片 **33**

完成尺寸 7㎝正方
線材
相當於20號的棉線［Anchor Aida 5號］ 深藍色（00143）…5g
工具 0號蕾絲鉤針、毛線針
密度 長針 1段＝約0.8㎝

織法
取1條線鉤織。
鎖針的輪狀起針，鉤5針鎖針接合成圈，依織圖鉤織5段。收針處作鎖針接縫（p.44），最後進行線頭的藏線。

織圖

p.25 ❀**餐墊**

完成尺寸 28.4×21.4㎝
線材
相當於20號的棉線［Anchor Aida 5號］ 水藍色（00128）…40g、濃深藍色（00143）…25g
工具 0號蕾絲鉤針、毛線針
花樣織片尺寸 7㎝正方
織法
取1條線鉤織，並依指定配色編織。
織片作法同上方花樣織片33，依織圖以指定配色鉤織，並於第3段、第5段改變起點位置。收針處預留的織線長度請參照製作圖，除織片⑨以外，其餘皆進行鎖針接縫（p.44）。織片①至⑤預留織線，以引拔併縫的方式，將12片花樣織片的直、橫側拼接縫合。以織片⑨的織線繼續，沿餐墊四周鉤織一圈緣編，鎖針接縫後進行藏線即完成。

花樣織片織法&併縫方法、緣編的織圖

縱向併縫的起始位置
左右兩側的織片正面相對疊合，以織片②的織線，從收針處右側1針的鎖針開始，各挑半針的引拔針進行併縫（參照p.79）。織片③、④亦同。

橫向併縫的起始位置
以織片①的織線，依縱向併縫的方式進行接縫。

縱向併縫的方式進行接縫。

★
回頭挑1針引拔針，開始鉤織緣編。
收針處。
同花樣織片33的作法，
★處作鎖針接縫，
並進行線頭的藏線。

併縫終點。
完成緣編之後，
將線頭穿入織片背面，
進行藏線。

緣編 水藍色
織片一律以指定的配色鉤織，
收針處參照製作圖，
同花樣織片33的作法，
進行鎖針接縫（織片⑨除外）。

製圖

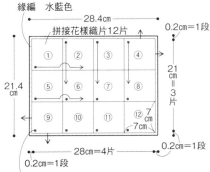

緣編 水藍色
28.4cm
拼接花樣織片12片
0.2cm=1段
21.4cm
21cm=3片
7cm 7cm
28cm=4片
0.2cm=1段
0.2cm=1段

●為織片收針處。
織片⑥至⑧、⑩至⑫同花樣織片33，
鎖針接縫後進行藏線處理。
織片①、⑤預留2m線段，織片②至④預留1.5m線段之後
剪線，先作鎖針接縫收針，再依前頭指示（→），鉤引拔
針併縫，縱向併縫織片②至④，橫向併縫織片①、⑤。
待花樣織片拼接縫合之後，以織片⑨的織線鉤織緣編。

段	配色
5	水藍色
3・4	深藍色
1・2	水藍色

花樣織片的配色

▽＝接線
▼＝剪線
◎＝花樣織片的收針處

收針處。
於★處預留約10㎝的線段後剪斷，於★處作鎖針接縫後剪斷，並進行線頭的藏線。

63

完成尺寸
36、37／7.5cm正方
38／5cm正方
線材
相當於20號的棉線[Anchor Aida 5號]
36／原色（09926）…約4.5g
37／原色（09926）…約4g
38／紅色（08047）…約1g、淺駝色
（00387）…少量
工具　0號蕾絲鉤針、毛線針
密度　長針　1段＝約0.8cm
織法
取1條線鉤織。
鎖針的輪狀起針，鉤6針鎖針接合成圈，
依織圖鉤織指定段數。收針處作鎖針接
縫（p.44），最後進行線頭的藏線。

p.27 ❀**迷你織片書籤**

完成尺寸
3.5×10.5cm（不含書籤繩）
線材
相當於40號的棉線[Lizbeth 20號
蕾絲線]原色（603）…約1g、紅色
（670）…少量
工具　6號蕾絲鉤針、毛線針
花樣織片尺寸　3.5cm正方
織法
取1條織線編織。
織片作法同下方的花樣織片38。按順序
鉤織①（第1片），從②（第2片）開
始，在最終段第3段的記號處，一邊鉤織
一邊進行「重新入針後以鎖針拼接的方
法」（p.79）接合相鄰織片，在鉤織③
（第3片）的途中製作書籤繩。各織片的
收針處作鎖針接縫（p.44），並進行線
頭的藏線。

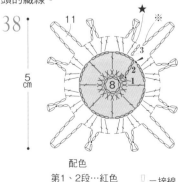

配色
第1、2段…紅色　∇＝接線
第3段…淺駝色　▼＝剪線

織圖

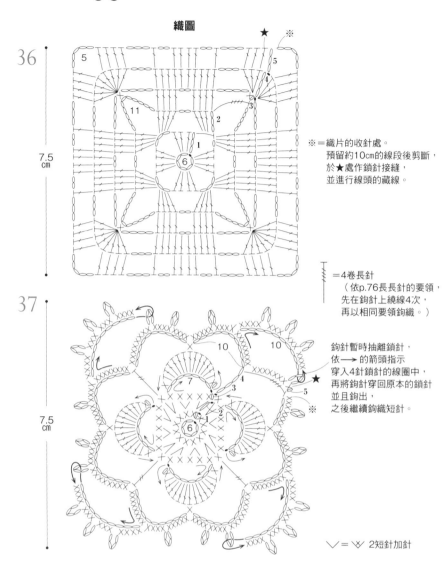

※＝織片的收針處。
預留約10cm的線段後剪斷，
於★處作鎖針接縫，
並進行線頭的藏線。

╪＝4卷長針
（依p.76長長針的要領，
先在鉤針上繞線4次，
再以相同要領鉤織。）

鉤針暫時抽離鎖針，
依→的箭頭指示
穿入4針鎖針的線圈中，
再將鉤針穿回原本的鎖針
並且鉤出，
之後繼續鉤織短針。

∨＝∨ 2短針加針

花樣織片的織圖與拼接方法

按①～③的順序拼接。
第1、2段織法同花樣織片38。
配色一律同花樣織片38。

以重新入針的方式，鉤織鎖針拼接。
（針目從1針鎖中鉤出。參照p.79）

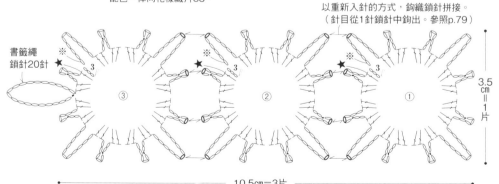

書籤繩
鎖針20針

10.5cm＝3片

3.5
cm
＝1
片

完成尺寸 7cm正方
線材
相當於20號的棉線［Anchor Aida 5號］
水藍色（00128）…約3.5g
工具 0號蕾絲鉤針、毛線針
密度 長針 1段=約0.8cm
織法
取1條線鉤織。
鎖針的輪狀起針，鉤6針鎖針接合成圈，
依織圖鉤織4段。收針處作鎖針接縫
（p.44），最後進行線頭的藏線。

織圖

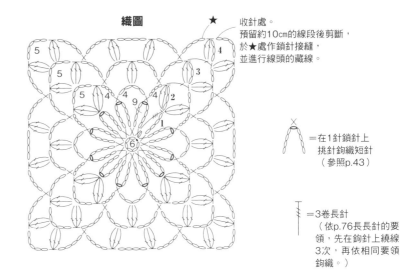

★ 收針處。
預留約10cm的線段後剪斷，
於★處作鎖針接縫，
並進行線頭的藏線。

◠◠ =在1針鎖針上
挑作鉤織短針
（參照p.43）

╫ =3卷長針
（依p.76長長針的要
領，先在鉤針上繞線
3次，再依相同要領
鉤織。）

---

p.29 ❋羊毛蓋毯

完成尺寸 82×66cm
線材
並太程度的毛線［內藤商事 ZARA］灰色
（1494）…300g、紅色（1493）…
130g
工具 5／0號鉤針、毛線針
花樣織片尺寸 8cm正方
織法
取1條線鉤織，並依指定配色編織。
織片作法同上方花樣織片39，但第2段以
後的「4針鎖針」改為「5針鎖針」，並且
鉤至第3段就收針。按順序鉤織①（第1
片），從②（第2片）開始，在最終段第3
段的記號處，一邊鉤織一邊進行「重新入
針後以鎖針拼接的方法」（p.79）接合相
鄰織片。全部織完80片花樣織片後，以紅
色織線沿四周鉤織1段緣編。各織片收針
處作鎖針接縫，再進行藏線即完成。

花樣織片的織圖與拼接方法

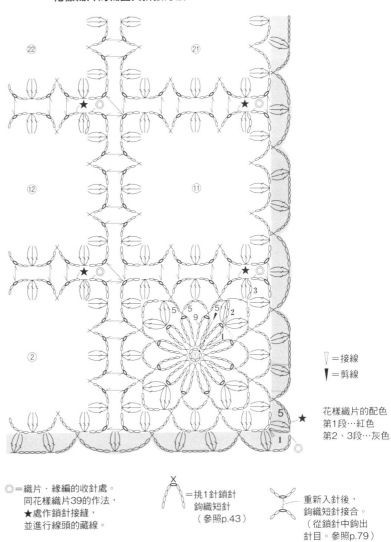

▽ =接線
◣ =剪線

花樣織片的配色
第1段…紅色
第2、3段…灰色

織片配置圖

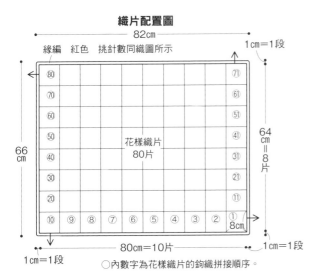

緣編　紅色　挑針數同織圖所示

花樣織片
80片

82cm
80cm=10片
66cm
64cm=8片
8cm
1cm=1段

○內數字為花樣織片的鉤織拼接順序。

◎=織片・緣編的收針處。
同花樣織片39的作法，
★處作鎖針接縫，
並進行線頭的藏線。

✕=挑1針鎖針
鉤織短針
（參照p.43）

重新入針後，
鉤織短針接合。
（從鎖針中鉤出
針目。參照p.79）

完成尺寸
40／8㎝正方
41／11㎝正方
42／6㎝正方

線材
相當於20號的棉線［Anchor Aida 5號］
40／原色（09926）…約3.5g
41／原色（09926）…約8g
42／粉綠（00213）…約3g

工具 0號蕾絲鉤針、毛線針

密度 長針　1段=約0.8㎝

織法
取1條線鉤織。
鎖針的輪狀起針，花樣織片40鉤8針，
花樣織片41、42鉤6針鎖針接合成
圈，依織圖鉤織指定段數。收針處作鎖
針接縫（p.44），最後進行線頭的藏
線。

織圖

※＝織片的收針處。
預留約10㎝的線段後剪斷，
於★處作鎖針接縫，
並進行線頭的藏線。

第4段的短針（✕）是在前段的針目之間挑針鉤織。

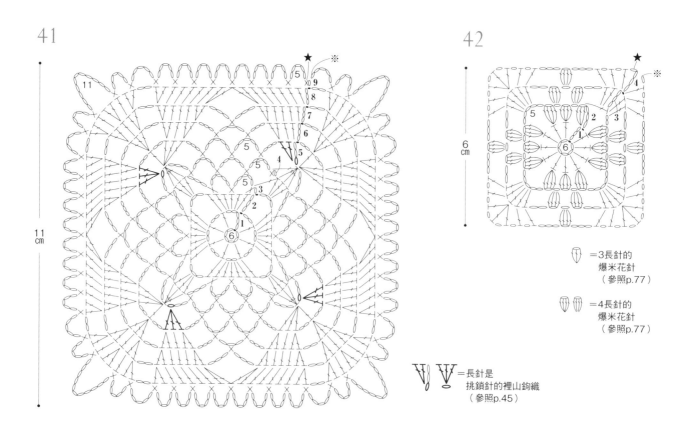

⊎ ＝3長針的
爆米花針
（參照p.77）

⊎⊎ ＝4長針的
爆米花針
（參照p.77）

⋎ ⋎ ＝長針是
挑鎖針的裡山鉤織
（參照p.45）

p.30 ❀花樣織片**43,44,46**

完成尺寸
43／直徑10.5cm
44／直徑8.5cm
46／直徑9cm
線材
相當於20號的棉線〔Anchor Aida 5號〕
43／淺綠色（00259）…約9g
44／淺駝色（00387）…約4.5g
46／藍色（00175）…約5g
工具　0號蕾絲鉤針、毛線針
密度　長針　1段＝約0.8cm
織法
取1條線鉤織。
鎖針的輪狀起針，花樣織片43、44鉤
8針，花樣織片46鉤6針鎖針接合成
圈，依織圖鉤織指定段數。收針處作
鎖針接縫（p.44），最後進行線頭的
藏線。

織圖　　※＝織片的收針處。
預留約10cm的線段後剪斷，
於★處作鎖針接縫，
並進行線頭的藏線。

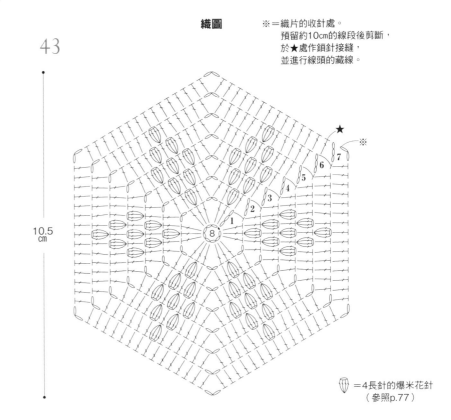

43

10.5cm

＝4長針的爆米花針
（參照p.77）

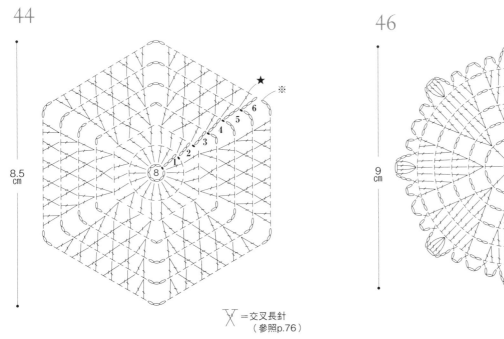

44

8.5cm

＝交叉長針
（參照p.76）

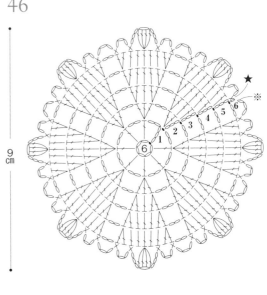

46

9cm

花樣編＆緣編的織圖

完成尺寸
10×10㎝（一邊約4㎝）
線材
相當於20號的棉線［Anchor Aida 5號］
　米白色（09002）…7g
工具　0號蕾絲鉤針、毛線針
密度　長針　1段=約0.7㎝
織法
手指繞線的輪狀起針，鉤織7段花樣編
與1段緣編。緣編的收針處作鎖針接縫
（p.44），最後進行線頭的藏線。

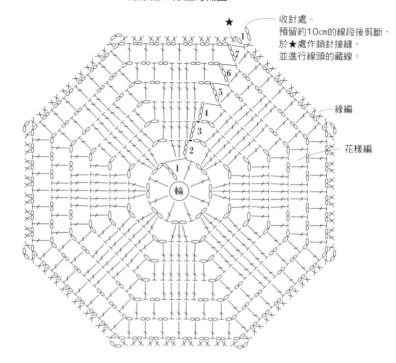

收針處。
預留約10㎝的線段後剪斷，
於★處作鎖針接縫，
並進行線頭的藏線。

緣編

花樣編

製圖

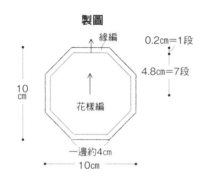

0.2㎝=1段

4.8㎝=7段

緣編

花樣編

10㎝

一邊約4㎝

10㎝

完成尺寸
17×17㎝（一邊約7㎝）
線材
並太棉線［Anchor Puppets Lyric 8／8］
紫紅色（5026）…50g
相當於20號的棉線［Anchor Aida 5號］
米白色（09002）…2g
工具　5/0號鉤針、0號蕾絲鉤針、毛線針
密度　長針　1段=1.2㎝
織法
取1條線，並依指定配色鉤織。
織片作法同花樣織片45（部份不同），鉤
織兩片製作成雙層的主體。主體的花樣編
是以紫紅色鉤織兩片，背面相對重疊後，
接灰色織線鉤織緣編。主體收針處與緣編
起點的線頭，穿入織片背面藏線。緣編收
針處作鎖針接縫（p.44），再進行線頭的
藏線。

製圖

外緣　緣編
米白色　0號蕾絲鉤針
將兩片主體背面相對，
重疊後一起挑針鉤織。

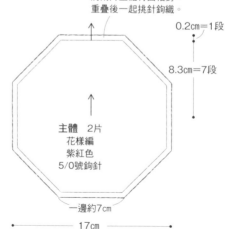

0.2㎝=1段

8.3㎝=7段

主體　2片
花樣編
紫紅色
5/0號鉤針

17㎝

一邊約7㎝

17㎝

主體＆緣邊的織圖

※花樣編第7段的收針處與緣編的
　起針處，依下圖所示進行，
　其餘則同花樣織片45作法。

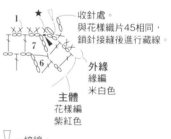

收針處。
與花樣織片45相同，
鎖針接縫後進行藏線。

外緣
緣編
米白色

主體
花樣編
紫紅色

▽＝接線
緣編是將主體背面相對重疊，
鉤針穿入兩片主體，一起挑針鉤織。
（依p.79茶壺墊外緣的挑針要領，
皆挑前段針頭的2條線鉤織。）

▼＝預留約10㎝的線段後剪斷，
穿入織片背面，
並進行線頭的藏線。

完成尺寸 直徑10cm
線材
相當於20號的棉線〔Anchor Aida 5號〕
　米白色（09002）…5g
工具 0號蕾絲鉤針、毛線針
密度 長針 1段＝約0.8cm
織法
取1條線鉤織。
鎖針的輪狀起針，鉤6針鎖針接合成圈，依織圖鉤織4段。收針處作鎖針接縫（p.44），最後進行線頭的藏線。

織圖

收針處。
預留約10cm的線段後剪斷，
於★處作鎖針接縫，
並進行線頭的藏線。

×4 短針是在中長針的
×3 針腳挑束鉤織

2 在長長針的針頭
1 鉤織短針
　（參照p.43）

＝在1針鎖針中挑針鉤織
　（參照p.43）

---

p.33 ✿迷你披肩

完成尺寸
寬10.5～12cm 長157.5cm
線材
合太程度的毛線 藍色…40g
工具 3／0號鉤針、毛線針
密度 長針 1段＝約1cm
織法
取1條線鉤織。
織片作法同上方花樣織片47。按順序鉤織①（第1片），從②（第2片）開始，在最終段第4段，進行「一邊以引拔針鉤織，一邊拼接的方法」（p.79）接合相鄰織片，全部鉤織15片。拼接時，單號與雙號織片的擺放方向不同，請注意織圖的拼接指示來進行。各織片的收針處作鎖針接縫（p.44），並進行線頭的藏線。

※〇內數字為花樣織片的鉤織
　拼接順序。
　織片①～⑮皆以相同方法鉤織。
　織片②、④、⑥等偶數的織片，
　需改變擺放方向，
　與織片①、③、⑤等
　奇數的織片交錯拼接，
　因此織片的形狀會顯得不同。
　（參照織圖）

製圖

拼接花樣織片
15片

**花樣織片的織圖&
拼接法**

※織片④～⑮的拼接方式
　同織片②、③。

▼＝收針處。
　與花樣織片47相同，
　鎖針接縫後進行藏線。

織片拼接處
（一邊以引拔針鉤織，
一邊拼接的方法）

完成尺寸

48／直徑9.5cm

49／直徑9cm

52／12.5cm正方

線材

相當於20號的棉線[Anchor Aida 5號]

48／原色（09926）…約3.5g

49／紅色（08047）…約2.5g

52／相當於30號的棉線[Lizbeth 10號蕾絲線]原色（603）…約11g

工具

48、49／0號蕾絲鉤針、毛線針

52／2號蕾絲鉤針、毛線針

密度 48／長針 1段＝約0.8cm

49／鎖針 3針＝約0.7cm

52／方眼編 10針＝約2cm、4段＝約1.9cm

織法

取1條線鉤織。

48、49／鎖針的輪狀起針，花樣織片48鉤8針，花樣織片49鉤6針鎖針接合成圈，依織圖鉤織指定段數。收針處作鎖針接縫（p.44），最後進行線頭的藏線。

52／鎖針起針61針，鉤織26段方眼編後，沿四周鉤織1段緣編。收針處作鎖針接縫（p.44），並進行線頭的藏線。是一款無論上下左右哪個方向作為上側皆可的圖案。

織圖

※＝織片的收針處。
預留約10cm的線段後剪斷，於★處作鎖針接縫，並進行線頭的藏線。

52

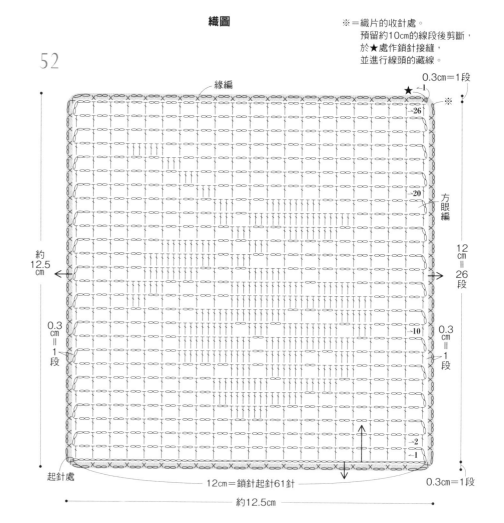

48

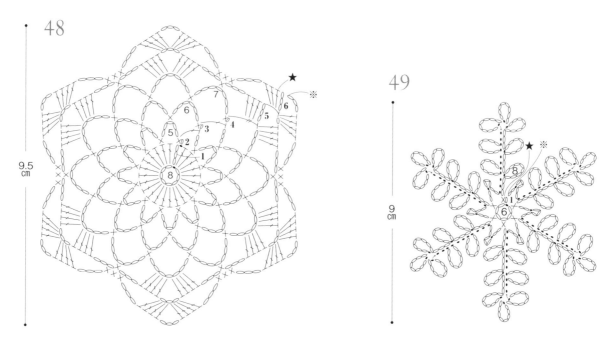

49

70

完成尺寸　10×8cm
線材
相當於20號的棉線[Anchor Aida 5號] 原色（09926）…6g
工具　0號蕾絲鉤針、毛線針
密度
方眼編　5針×2段＝約1.1cm正方

織法
取1條線鉤織。
鎖針起針34針，依織圖鉤織13段方眼編，並且在3邊鉤織緣編。收針處預留約10cm的線段後剪斷，再穿入織片背面進行藏線。

織圖

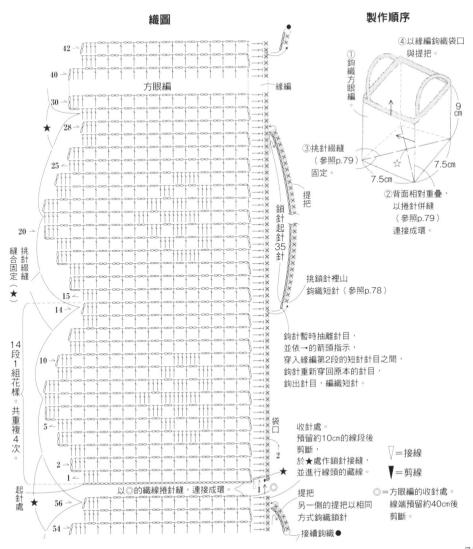

p.35　❀**愛心圖案的迷你提袋**

完成尺寸
7.5×7.5×9cm（不含提把）
線材
相當於20號的棉線[Anchor Aida 5號]　原色（09926）…25g、紅色（08047）…6g
工具　0號蕾絲鉤針、毛線針
密度　45目×18.5段＝10cm正方
織法
取1條線鉤織。
依製作順序①至④的順序鉤織。取原色織線鉤鎖針起針40針，依織圖鉤織56段方眼編（①），四片織片的起針處與收針處進行捲針併縫，連接成環（②），袋底則是進行挑針綴縫（③）。袋口處的緣編，第2段時改以紅色線鉤織緣編與提把（④）。收針處作鎖針接縫（p.44），其他線頭皆與上方的織片51相同，進行收針藏線。

製圖

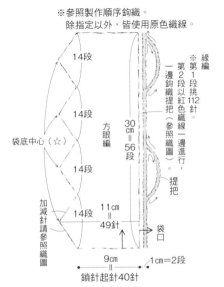

※參照製作順序鉤織。
　除指定以外，皆使用原色織線。

14段
14段
方眼編
14段
30cm＝56段
14段
提把
袋口
袋底中心（☆）
加減針請參照織圖
11cm＝49針
9cm＝鎖針起針40針
1cm＝2段

p.36 ✤飾以花朵的手提袋

完成尺寸

21×21cm（不含提把）

線材

極太程度的毛線 [Hamanaka Rich More Cashmere Merino] 深灰色（2）…70g

合太程度的毛線 [Hamanaka Rich More Cashmere Merino] 原色（101）…少量

工具 6／0號、4／0號鉤針、毛線針

密度 花樣編 18.5針=10cm、6段（1模樣）=5.5cm

織法

取1條織線，手提袋的主體、提把、緣編皆使用深灰色以6／0號鉤針編織，花樣織片則是使用原色以4／0號鉤針編織。

主體是鎖針起針37針，以花樣編鉤織22段，編織兩片相同織片。提把是鎖針起針55針，依織圖鉤織兩片相同織片。參照製作順序，將兩片主體背面相對重疊，沿三邊鉤織緣編，作出袋狀（①）。以輪編鉤織袋口的緣編（②），提把疊於主體內側，以藏針縫固定（③）。袋口的收針處作鎖針接縫（p.44），其餘線頭穿入織片背面，進行藏線。

鉤織兩片花樣織片，縫合固定於袋身外側作為裝飾。

p.37 ✤花籃圖案織片53

完成尺寸 7.5×9cm

線材

相當於20號的棉線[Anchor Aida 5號]原色（09926）…約2g

工具 0號蕾絲鉤針、毛線針

密度 長針 1段=約0.8cm

織法

取1條織線編織。

鎖針起針21針，依織圖鉤織13段。

＊縫製廚房巾時，是以花樣織片收針處的線段（約20cm），避免影響正面美觀地縫合固定。

＊為了配合版面的緣故，因此改變織圖方向。

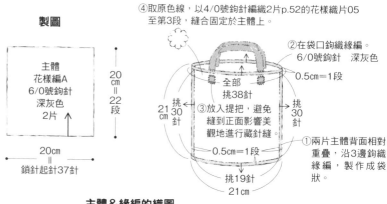

製圖

主體
花樣編A
6／0號鉤針
深灰色
2片 ↑

20cm＝22段
20cm＝鎖針起針37針

製作順序

④取原色線，以4／0號鉤針編織2片p.52的花樣織片05至第3段，縫合固定於主體上。

②在袋口鉤織緣編。6／0號鉤針 深灰色 0.5cm=1段

全部挑38針

③放入提把，避免縫到正面影響美觀地進行藏針縫

①兩片主體背面相對重疊，沿3邊鉤織緣編，製作成袋狀。

挑30針　挑30針

21cm　0.5cm=1段

挑19針

21cm

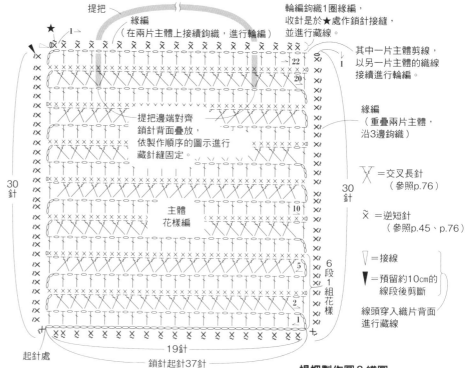

主體＆緣編的織圖

提把

緣編（在兩片主體上接續鉤織，進行輪編）

輪編鉤織1圈緣編，收針是於★處作鎖針接縫，並進行藏線。

其中一片主體剪線，以另一片主體的織線接續進行輪編。

緣編（重疊兩片主體，沿3邊鉤織）

★　↑1

鎖針起針37針

→22

20

提把邊端對齊鎖針背面疊放，依製作順序的圖示進行藏針縫固定。

主體花樣編

10

5

30針　　30針

6段1組花樣

2

1

起針處

鎖針起針37針

19針

╳＝交叉長針（參照p.76）

ⵝ＝逆短針（參照p.45、p.76）

▽＝接線

▼＝預留約10cm的線段後剪斷

線頭穿入織片背面進行藏線

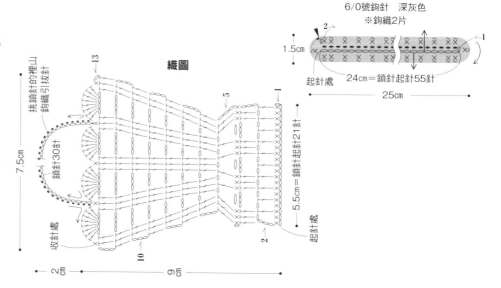

提把製作圖＆織圖

6／0號鉤針 深灰色 ※鉤織2片

1.5cm　　2

起針處

24cm＝鎖針起針55針

25cm

織圖

挑鎖針引拔山鉤織引拔針

鎖針30針

鎖針起針21針

13

7.5cm

收針處

10

2

5.5cm＝鎖針起針21針

起針處

起針處

2　　9cm

完成尺寸 約9.5×11㎝

線材
相當於30號的棉線［Lizbeth　10號
蕾絲線］原色（603）…約7g

工具 2號蕾絲鉤針、毛線針

密度
方眼編　10針=約2㎝、4段=約1.9㎝

織法
取1條線鉤織。
鎖針起針46針，鉤織22段方眼編
後，沿四周鉤織1段緣編。收針處作
鎖針接縫（p.44），並進行線頭的藏
線。

p.38 ✤緣飾花邊54～57

完成尺寸
54／寬約2.1㎝
55／寬約2.5㎝
56／寬約1.3㎝
57／寬約2㎝

線材
相當於30號的棉線［Lizbeth　10號
蕾絲線］原色（603）
54／13組花樣約3g
55／14組花樣約3g
56／12組花樣約1.5g
57／7組花樣約2g

工具 2號蕾絲鉤針、毛線針

密度
54／1組花樣約1.3㎝
55／1組花樣約1.2㎝
56／1組花樣約1.5㎝
57／1組花樣約2.6㎝

織法
參照織圖，分別由起
針處開始，依織圖指
示鉤織。可將喜歡的
面當作正面使用。

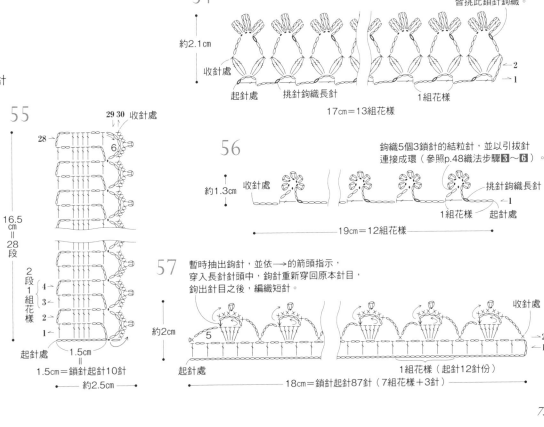

織圖

50

收針處。預留約10cm的線段後剪斷，
於★處作鎖針接縫後進行藏線。

0.3㎝=1段

緣編

方眼編

約11㎝

10.5㎝=22段

0.3㎝=1段

0.3㎝=1段

9cm＝鎖針起針46針

約9.5㎝

起針處

54

約2.1㎝

收針處

起針處　挑針鉤織長針　1組花樣

長針與引拔針
皆挑此鎖針鉤織。

17cm＝13組花樣

55

29 30　收針處

16.5㎝=28段

2段1組花樣

1.5㎝＝鎖針起針10針

約2.5㎝

56

約1.3㎝　收針處

鉤織5個3鎖針的結粒針，並以引拔針
連接成環（參照p.48織法步驟❸～❻）。

挑針鉤織長針

1組花樣　起針處

19cm＝12組花樣

57

暫時抽出鉤針，並依→的箭頭指示，
穿入長針針頭中，鉤針重新穿回原本針目，
鉤出針目之後，編織短針。

約2㎝

收針處

起針處　1組花樣（起針12針份）

18cm＝鎖針起針87針（7組花樣＋3針）

完成尺寸

58／寬約1.5cm

59／寬約1.3cm

60／寬約1.2cm

線材

相當於30號的棉線［Lizbeth 10號
蕾絲線］原色（603）

58／18花樣約2g

59／7組花樣約1.5g

60／14組花樣約2g

工具 2號蕾絲鉤針、毛線針

密度

58／1組花樣約0.9cm

59／1組花樣約2.3cm

60／1組花樣約1.2cm

織法

參照織圖，分別由起針處開始依織圖
指示鉤織。

織圖

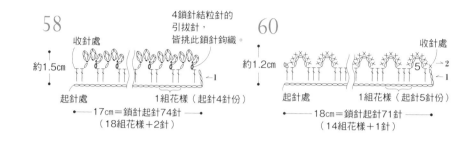

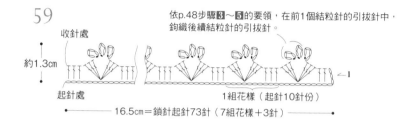

完成尺寸

A、B／32cm正方

C／約31.5cm正方

線材

相當於40號的棉線［Lizbeth 20號
蕾絲線］約7g

A／原色（603） B／紅色（670）

C／深粉紅色（624）

薄型印花布…32cm正方

車縫線

工具

6號蕾絲鉤針、毛線針、
縫紉機、熨斗、燙衣板

密度

A／1組花樣約2.1cm

B、C／1組花樣約1.2cm

織法

取1條線鉤織。A為緣飾59， B為緣
飾58（將1針鎖針當作2針）， C為
緣飾60，分別按織圖鉤織。

參照p.47「緣飾花邊第1段的織
法」，在布片上鉤織第1段。

第2段以後，一邊依織圖在轉角處鉤
織花樣，一邊鉤至指定段數。收針處
作鎖針接縫（p.44），最後進行線頭
的藏線。

緣飾織圖

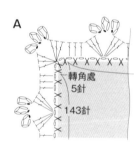

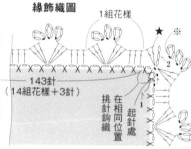

手帕製作圖

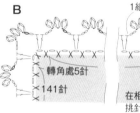

**手帕的
縫製方法**

①準備邊長32cm的
正方形布片。

②1cm的縫份
作三摺邊，
車縫內側0.3cm處
（針趾為1針
＝約3.5mm）。

p.41 ❋亮眼串珠鉤織項鍊

完成尺寸
全長108.5cm（鍊頭釦眼除外）
線材
相當於30號的棉線［Lizbeth 10號
蕾絲線］ 深粉紅與藍色系
（137）…約6g
直徑2.2mm的圓珠［MIYUKI
DELICA串珠 DBM141］ 水晶…約
1050顆
工具 2號蕾絲鉤針、毛線針、串珠
針、手縫線、木工用黏著劑
密度 1組花樣約3.5cm

織法
取1條線鉤織。
參照p.48「串珠項鍊的織法」，在鉤
織前事先將串珠穿入織線中。依織圖
在每一針鎖針內織入1顆串珠，長針內
織入2顆串珠。線頭穿入織片的背面進
行藏線。

尺寸&織圖

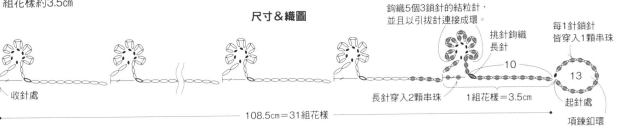

鉤織5個3鎖針的結粒針，
並且以引拔針連接成環。
挑針鉤織
長針
每1針鎖針
皆穿入1顆串珠
10
13
長針穿入2顆串珠
1組花樣＝3.5cm
起針處
收針處
項鍊釦環
108.5cm＝31組花樣

p.41 ❋花樣織片手環

完成尺寸（不含釦環）
A／全長18cm
B／全長23cm
C／全長21.5cm
線材
A／相當於40號的棉線［Lizbeth
20號蕾絲線］ 混色（121）…約
1.5g
B／相當於30號的棉線［Lizbeth
10號蕾絲線］ 金黃色（611）…約
3.5g
C／相當於30號的棉線［Lizbeth
10號蕾絲線］ 紫色與綠色系
（124）…約3.5g

工具
A／6號蕾絲鉤針、毛線針
B、C／2號蕾絲鉤針、毛線針
密度
A／1組花樣約1.6cm
B／1組花樣約2.1cm
C／1組花樣約2cm

織法
取1條線鉤織。
參照p.47「花樣織片手環的織法」，
從織圖的順序①（手鍊釦環）開始鉤
織，依號碼順序鉤織花樣織片的上
側、下側。另外，左端花樣織片
（⑨）的花瓣並不是長長針，而是長
針，故請特別留意。收針處作鎖針接
縫（p.44），最後進行線頭的藏線。

尺寸&織圖

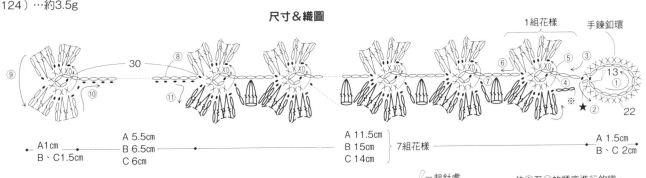

⑨ 30 ⑧ ⑥ ⑤ ③ 1組花樣 手鍊釦環
⑩ ⑪ ⑦ ④ 13 ①
※ ★ ② 22

A1cm
B、C1.5cm

A 5.5cm
B 6.5cm
C 6cm

A 11.5cm
B 15cm
C 14cm

7組花樣

A 1.5cm
B、C 2cm

╱＝起針處

※＝收針處。預留約10cm的
線段後剪斷，
於★處作鎖針接縫，
並進行線頭的藏線。

依①至⑪的順序進行鉤織，
在鎖針上挑針鉤織的引拔針，
皆是挑鎖針裡山鉤織。

鉤針編織基礎

針目記號與織法

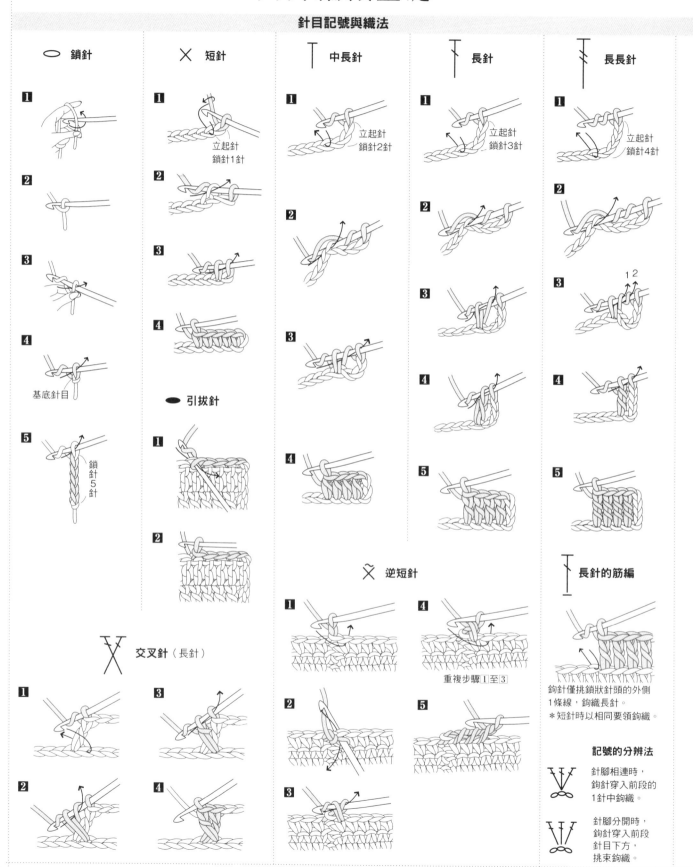

○ 鎖針

× 短針　立起針 鎖針1針

┬ 中長針　立起針 鎖針2針

┬ 長針　立起針 鎖針3針

┬ 長長針　立起針 鎖針4針

● 引拔針

基底針目

鎖針5針

╳ 逆短針

重複步驟 1 至 3

┬ 長針的筋編

鉤針僅挑鎖狀針頭的外側1條線，鉤織長針。

＊短針時以相同要領鉤織。

記號的分辨法

針腳相連時，鉤針穿入前段的1針中鉤織。

針腳分開時，鉤針穿入前段針目下方，挑束鉤織。

X 交叉針（長針）

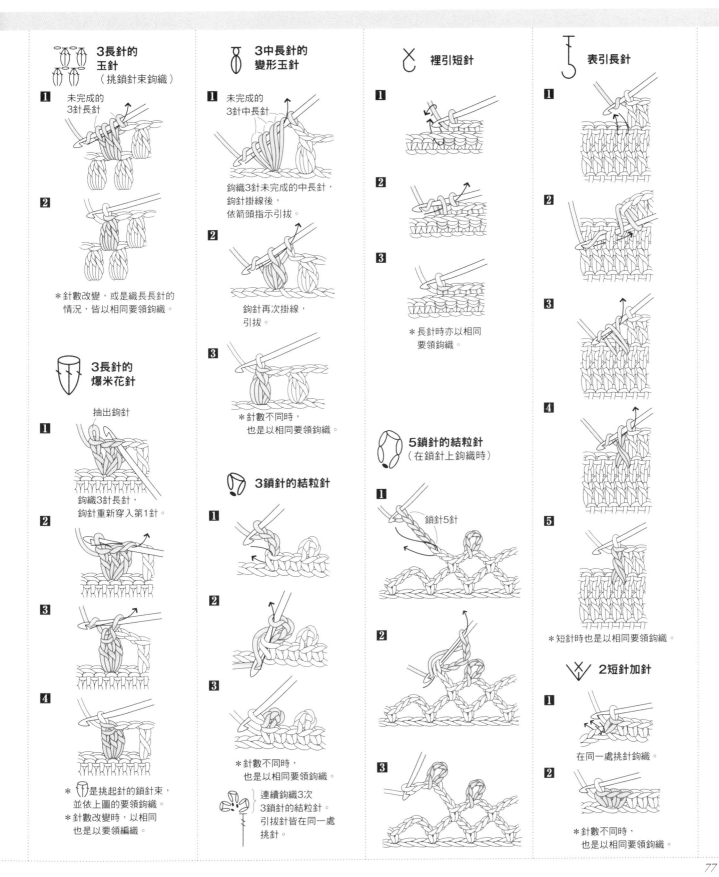

3長針的玉針
（挑鎖針針束鉤織）

1
未完成的
3針長針

2

*針數改變，或是織長長針的
情況，皆以相同要領鉤織。

3長針的爆米花針

抽出鉤針

1
鉤織3針長針，
鉤針重新穿入第1針。

2

3

4

* ⌂ 是挑起針的鎖針束，
並依上圖的要領鉤織。
*針數改變時，以相同
也是以要領編織。

3中長針的變形玉針

1
未完成的
3針中長針

鉤織3針未完成的中長針，
鉤針掛線後，
依箭頭指示引拔。

2

鉤針再次掛線，
引拔。

3

*針數不同時，
也是以相同要領鉤織。

3鎖針的結粒針

1

2

3

*針數不同時，
也是以相同要領鉤織。

連續鉤織3次
3鎖針的結粒針。
引拔針皆在同一處
挑針。

裡引短針

1

2

3

*長針時亦以相同
要領鉤織。

5鎖針的結粒針
（在鎖針上鉤織時）

1
鎖針5針

2

3

表引長針

1

2

3

4

5

*短針時也是以相同要領鉤織。

2短針加針

1

在同一處挑針鉤織。

2

*針數不同時，
也是以相同要領鉤織。

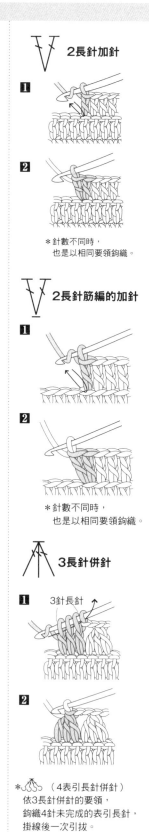

2長針加針

1

2

*針數不同時，
也是以相同要領鉤織。

2長針筋編的加針

1

2

*針數不同時，
也是以相同要領鉤織。

3長針併針

1 3針長針

2

*（4表引長針併針）
依3長針併針的要領，
鉤織4針未完成的表引長針，
掛線後一次引拔。

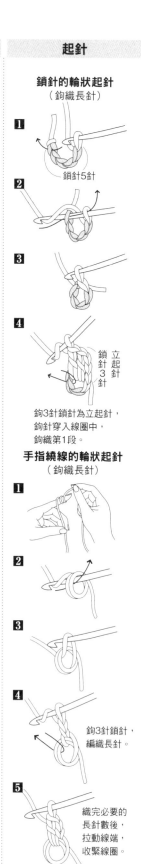

鎖針的輪狀起針
（鉤織長針）

1 鎖針5針

2

3

4 鎖針3針 立起針

鉤3針鎖針為立起針，
鉤針穿入線圈中，
鉤織第1段。

手指繞線的輪狀起針
（鉤織長針）

1

2

3

4 鉤3針鎖針，
編織長針。

5 織完必要的
長針數後，
拉動線端，
收緊線圈。

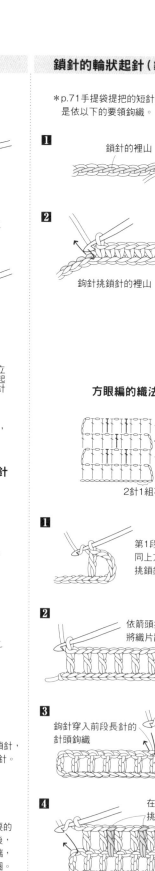

*p.71手提袋提把的短針
是依以下的要領鉤織。

1 鎖針的裡山 （背面）

2 鉤針挑鎖針的裡山，鉤織短針。

方眼編的織法

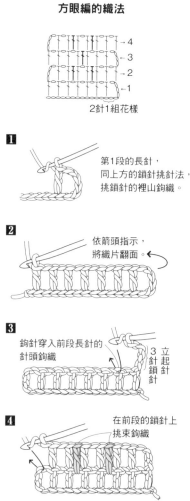

→4
→3
→2
→1

2針1組花樣

1 第1段的長針，
同上方的鎖針挑針法，
挑鎖針的裡山鉤織。

2 依箭頭指示，
將織片翻面。

3 鉤針穿入前段長針的
針頭鉤織　3針鎖針 立起針

4 在前段的鎖針上
挑束鉤織

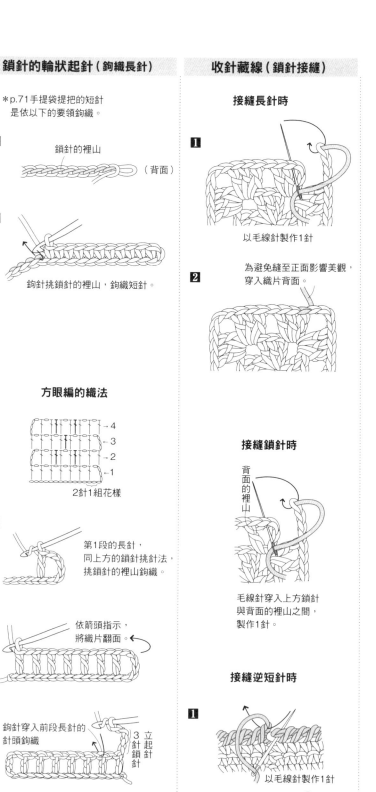

接縫長針時

1

以毛線針製作1針

2

為避免縫至正面影響美觀，
穿入織片背面。

接縫鎖針時

背面的裡山

毛線針穿入上方鎖針
與背面的裡山之間，
製作1針。

接縫逆短針時

1

以毛線針製作1針

2

穿入織片背面

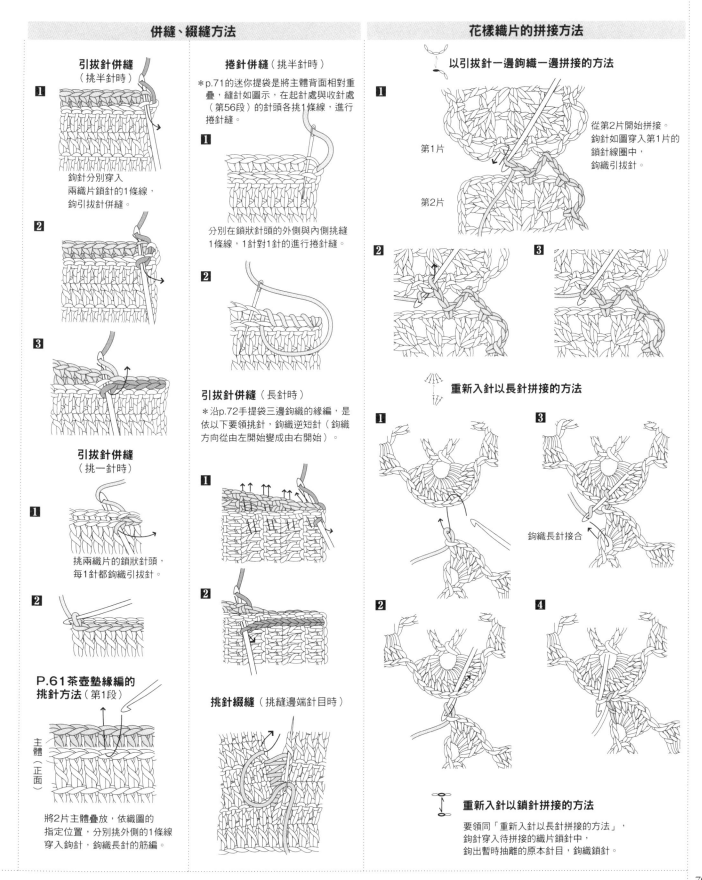

併縫、綴縫方法

引拔針併縫
（挑半針時）

1

鉤針分別穿入
兩織片鎖針的1條線，
鉤引拔針併縫。

2

3

引拔針併縫
（挑一針時）

1

挑兩織片的鎖狀針頭，
每1針都鉤織引拔針。

2

P.61茶壺墊緣編的
挑針方法（第1段）

主體（正面）

將2片主體疊放，依織圖的
指定位置，分別挑外側的1條線
穿入鉤針，鉤織長針的筋編。

捲針併縫（挑半針時）

＊p.71的迷你提袋是將主體背面相對重
疊，縫針如圖示，在起針處與收針處
（第56段）的針頭各挑1條線，進行
捲針縫。

1

分別在鎖狀針頭的外側與內側挑縫
1條線，1針對1針的進行捲針縫。

2

引拔針併縫（長針時）

＊沿p.72手提袋三邊鉤織的緣編，是
依以下要領挑針，鉤織逆短針（鉤織
方向從由左開始變成由右開始）。

1

2

挑針綴縫（挑縫邊端針目時）

花樣織片的拼接方法

以引拔針一邊鉤織一邊拼接的方法

1

第1片

第2片

從第2片開始拼接。
鉤針如圖穿入第1片的
鎖針線圈中，
鉤織引拔針。

2

3

重新入針以長針拼接的方法

1

3

鉤織長針接合

2

4

重新入針以鎖針拼接的方法

要領同「重新入針以長針拼接的方法」，
鉤針穿入待拼接的織片鎖針中，
鉤出暫時抽離的原本針目，鉤織鎖針。

村林和子
Murabayashi Kazuko

東京出生，文化服裝學院針織系畢業後，
以織物設計師的身分活躍於書籍、雜誌與電視節目等範疇。
由於設計的作品織法簡單又可愛，
再加上獨到的配色品味，因此廣受大眾歡迎。
除了在東京・銀座的「Ecole Petit Pied Ginza」
織物教室擔任講師之外，另外還著有：
《基礎からはじめる　かぎ針編みのすすめ》（文化出版局）、
《大人のかぎ針小物》（いきいき）等書籍。

【Knit・愛鉤織】52

織花習作
鉤法簡單又可愛的花樣織片＆緣飾６０

作　　者／村林和子
譯　　者／彭小玲
發 行 人／詹慶和
總 編 輯／蔡麗玲
執行編輯／蔡毓玲
編　　輯／劉蕙寧・黃璟安・陳姿伶・李佳穎・李宛真
執行美編／周盈汝
美術編輯／陳麗娜・韓欣恬
出 版 者／雅書堂文化事業有限公司
發 行 者／雅書堂文化事業有限公司
郵撥帳號／18225950
戶　　名／雅書堂文化事業有限公司
地　　址／新北市板橋區板新路206號3樓
電　　話／（02）8952-4078
傳　　真／（02）8952-4084
電子郵件／elegantbooks@msa.hinet.net

2017年11月初版一刷　定價350元

AMITSUNAGU HANABANA –KAWAIKUTE AMIYASUI HANA MOTIEF
& EDGING 60-
By Kazuko Murabayashi
Copyright © 2014 Kazuko Murabayashi
All rights reserved.
Original Japanese edition published by NHK Publishing, Inc.
This Traditional Chinese edition is published by arrangement with
NHK Publishing, Inc., Tokyo in care of Tuttle-Mori Agency, Inc., Tokyo
through Keio Cultural Enterprise Co., Ltd., New Taipei City, Taiwan

經銷／易可數位行銷股份有限公司
地址／新北市新店區寶橋路235巷6弄3號5樓
電話／（02）8911-0825
傳真／（02）8911-0801

版權所有・翻印必究
（未經同意，不得將本著作物之任何內容以任何形式使用刊載）
本書如有破損缺頁請寄回本公司更換

致讀者們

　　我在這本書中，大量設計了以花朵為意象的花樣織片。我每年都會前往紐約，並且趁那個時候順道逛逛古董店或是跳蚤市場，以便尋找舊時代織片花樣的相關資料。於是，從中發現了很棒的花樣，或是最近鮮少被編織的花樣等等，繼而開始思考如何以更容易的方式編織，或是重新將舊花樣改編成現代風的設計。因為我認為，或許可以藉由這樣的方式去傳承花樣編織──這件非常重要的事。

　　想要擁有漂亮的編織成品，最重要的祕訣就在於相同大小的鎖針。無論是最初的起針針目，還是長針最後的鎖狀針頭等，若是能夠將經常出現的鎖針織得緊實又維持一定大小，肯定可以織出精緻的花樣織片。試著去鉤織100針鎖針吧！不但可以瞭解自己在鉤織時的手勁、習慣，也能看見鉤織成一定大小的部分有多麼美麗。因此我誠心的推薦，如果希望自己能編織得比現在更好，請務必嘗試著鉤織這100針鎖針。

　　請準備好鉤針與織線，從您中意的花樣織片開始，一起來編織吧！不論是將花樣織片拼接製作而成的應用作品，或是藉由改變一片花樣織片的織線、大小來創作出截然不同作品的想法等，盡可能的加入您的巧思吧！請大家一定要親身體驗鉤織花樣織片的樂趣，品味餘韻綿長的深奧變化。期盼在大家的身旁，都能綻放出繽紛多彩的花朵。

村林和子

素材提供
＊線材
・金龜線業株式會社（Anchor）
　東京都中央區東日本橋1-2-15
・內藤商事株式會社
　東京都葛飾區立石8-43-13
・Hamanaka株式會社　Rich More販賣部
　京都府京都市右京區花園藪ノ下町2-3
・Yuki Limited（Lizbeth）
　兵庫縣西宮市苦樂園四番町10-10
・株式會社Hobbyra Hobbyre
　東京都品川區大井1-24-5　大井町センタービル5階
＊鉤針
　Tulip株式會社
　廣島縣廣島市西區楠木町4-19-8

攝影studio
barbie bleau
東京都澀谷區代代木神園町3-43-2F
http://www.barbie-bleau.com

※刊載的地址、電話等，若有異動恕不另行勘誤。
※書中介紹線材或線材色號等，為截至2014年1月止的商品資訊。
　有可能出現售罄或絕版的情況。

・書籍設計／竹盛若菜
・攝影／公文美和（作品欣賞、材料）・中辻渉（作法）
・視覺呈現／井上輝美
・製圖／ダイラクサトミ（day studio）
・作品協力／廣岡ちはる（p.16法式布盒）・かわいきみ子（p.39手帕、p.40罩衫）
・攝影協力／AWABEES・UTUWA
・校正／山內寬子
・編輯協力／岡野とよ子（Little bird）
・編輯／木村麻美（NHK出版）

本書是摘錄自NHK TEXT《すてきにハンドメイド》2012年4月號～2013年3月號期間連載的〈かぎ針編みで作る12のモチーフ（以鉤針製作的12款花樣織片）〉，重新修潤並增添新作後，重新編輯出版。

國家圖書館出版品預行編目資料

織花習作：鉤法簡單又可愛的花樣織片＆緣飾60 /
村林和子著.
-- 初版. -- 新北市：雅書堂文化, 2017.11
　面；　公分. -- (愛鉤織；52)
ISBN 978-986-302-396-8(平裝)
1.編織 2.手工藝

426.4　　　　　　　　　　　　　　106020181